VIDANGES ET ENGRAIS

ASSAINISSEMENT ET FERTILISATION

PAR

M. Léon FAURE BEAULIEU

INGÉNIEUR DES ARTS ET MANUFACTURES

Extrait des Mémoires de la Société des Ingénieurs civils

PARIS

E. CAPIOMONT & V. RENAULT

IMPRIMEURS DE LA SOCIÉTÉ DES INGÉNIEURS CIVILS

6, rue des Poitevins, 6

1881

VIDANGES ET ENGRAIS

ASSAINISSEMENT ET FERTILISATION

VIDANGES ET ENGRAIS

ASSAINISSEMENT ET FERTILISATION

PAR

M. Léon FAURE BEAULIEU

INGÉNIEUR DES ARTS ET MANUFACTURES

Extrait des Mémoires de la Société des Ingénieurs civils

PARIS

E. CAPIOMONT & V. RENAULT

IMPRIMEURS DE LA SOCIÉTÉ DES INGÉNIEURS CIVILS

6, rue des Poitevins, 6

1881

SOMMAIRE

VIDANGES ET ENGRAIS

DIFFÉRENTS SYSTÈMES DE VIDANGES DANS LES VILLES.

La question des vidanges dans les villes est devenue, avec tous les progrès, une des principales préoccupations. Nous avons vu l'émotion causée dans la population parisienne par l'affaire de l'usine de Nanterre, sa fermeture obtenue après des pétitions nombreuses des communes voisines. Récemment les odeurs nauséabondes qui se sont répandues pendant les grandes chaleurs de l'été, ont incommodé un grand nombre de quartiers. Enfin ces jours derniers l'accident du boulevard Rochechouart, survenu dans un égout où l'on avait vidé nuitamment des matières de vidange, a encore retenu l'attention sur cette question de salubrité publique. La Société des Ingénieurs civils ne pouvait pas rester étrangère à cette question toute actuelle, et ce travail n'a pas d'autre but que d'exposer les différents systèmes adoptés aujourd'hui dans les grandes villes et de provoquer ainsi, de la part de nos Collègues compétents, des observations et des discussions intéressantes. Puisse-t-il en ressortir quelque vue nouvelle, quelque solution pratique, pour l'assainissement complet du traitement des vidanges.

Entraînement par les égouts. — A Londres, à Bruxelles, à Berlin et dans beaucoup d'autres villes, notamment en Angleterre, les matières fécales avec toutes les eaux ménagères des habitations sont envoyées directement à l'égout passant dans la rue. On comprend que, pour adopter ce système, les municipalités doivent pourvoir d'abord les villes d'une énorme quantité d'eau pouvant entraîner dans les égouts, sans les y laisser séjourner, les matières solides qui y sont envoyées. Il faut ensuite un réseau d'égouts très développé, à grandes pentes, desservant pour ainsi dire chaque maison et en communication le moins possible avec l'atmosphère. La longueur des grands collecteurs est de 182 kilomètres à Londres, 20 à Paris et 12 à Bruxelles. Mais il faut remarquer qu'à Londres le principe est tout différent du nôtre. Les égouts sont formés d'immenses tuyaux cylindriques ayant jusqu'à 3 mètres de diamètre ; ils ne sont pas en contact avec l'atmosphère, et presque toute l'eau distribuée passe par l'intérieur des maisons, des water-closet, et va trouver à sa naissance la cause d'infection. Les pentes sont très fortes et obtenues artificiellement sans suivre le relief des terrains ; des machines puissantes, placées dans l'intérieur à différents points de la ville, relèvent les eaux d'égouts à un niveau supérieur et créent ainsi un écoulement forcé. Mais alors la voie publique reçoit peu d'eau et les balayures doivent être enlevées au tombereau. Chez nous, au contraire, presque toute l'eau arrive aux égouts par la voie publique, mieux entretenue, et qui envoie toutes les ordures et les produits du balayage par les bouches d'égouts. Des 350,000 mètres cubes d'eau amenés journellement à Paris, 70,000 mètres cubes seulement passent par les habitations. C'est un chiffre insuffisant, et, comme l'a dit M. de Coëne dans sa lettre lue à la séance du 15 octobre dernier, on se demande si, imitant l'Angleterre, il n'y aurait pas lieu d'*imposer* pour le bien de tous que l'eau coulât abondamment, non seulement dans les cabinets, mais dans toutes les cuisines, etc., et s'il n'y aurait pas lieu d'abaisser considérablement le prix de l'eau qui est à un tarif élevé à Paris.

Ce système de l'entraînement total des vidanges par les égouts est préconisé par un grand nombre d'ingénieurs de la ville et tend, il faut bien le constater, à devenir général. Car le système diviseur, dont nous allons parler, n'est qu'un système mixte, un acheminement vers l'entraînement total par les égouts, suivant la remarque de M. A. Durand-Claye, et adopté transitoirement pour ne pas froisser les habitudes parisiennes. On a commencé ainsi à Bruxelles, en 1857, par envoyer seulement les liquides à l'égout public, qui reçoit aujourd'hui les solides et les liquides sans aucun inconvénient.

Système diviseur. — Le système diviseur consiste, comme chacun le sait, en une tonne mobile ou tinette d'une capacité de 100 à 125 litres, placée dans le sous-sol ou au rez-de-chaussée des habitations. Cette tinette est divisée par un compartiment percé de trous et reçoit toutes les matières fécales provenant des différents étages de la maison. Le liquide s'écoule seul par la paroi percée de trous et par un tuyau de plomb qui va rejoindre le branchement se raccordant à l'égout passant sous la voie publique. Les matières solides restent dans

le premier compartiment de la tinette, et sont enlevées régulièrement
de jour ou de nuit par des voitures fermées qui substituent un tonneau
vide au tonneau plein.

Comme perfectionnement à ce système, nous pouvons citer comme
intéressant l'appareil diviseur instantané, dit *système Tacon*, tel qu'il
est appliqué en ce moment à Paris par la Compagnie hygiénique de
Vidanges et Engrais (voir fig. 1, planche 15). En principe, les liquides
tendent à glisser le long des parois des tuyaux, et surtout si ces tuyaux,
au lieu d'être droits, ont plusieurs coudes arrondis rejetant les matières. Les solides, en vertu de leur propre poids, sont projetés vers le
milieu du tuyau, et les liquides, glissant le long des parois, sont
recueillis dans l'espace annulaire, fermé incomplètement par un cône
renversé, et dirigés à l'égout avec les eaux ménagères. La tinette
mobile étanche est à double fermeture hydraulique et ne donne aucune
odeur. En disposant dans une maison importante trois de ces appareils diviseurs sur le parcours brisé du tuyau de chute, on peut obtenir
une séparation plus parfaite qu'avec les systèmes ordinaires. La figure
n° 1 indique cette disposition dans une cave en contre-bas de l'égout.
Reste à savoir s'il n'y a pas des engorgements fréquents dans l'espace
annulaire, et si une grande partie des matières épaisses, demi-
solides, n'est pas entraînée avec les liquides.

On peut encore mentionner la tinette filtrante, système Lambert,
adoptée par la Compagnie Départementale de Vidanges et Engrais,
dans laquelle un rebord annulaire, placé à la partie supérieure,
reçoit, par de nombreux trous, le liquide de la tinette et le dirige à
l'égout (voir fig. n° 2, pl. 15).

Le système diviseur paraît bien simple; il permet de n'avoir dessous
chaque maison que très peu de matières fécales en décomposition, qui
sont d'ailleurs enlevées assez promptement avant grande fermentation.
Il est appliqué à Paris, à la cinquième partie des maisons, soit environ
15,000 tuyaux de chute directe à l'égout, et le Conseil municipal, dans
sa séance du 23 juin 1880, a décidé d'étendre ce mode de vidange et de
le rendre obligatoire. Des crédits importants ont été votés pour
augmenter le réseau des égouts, le porter jusque dans les moindres
rues et les quartiers éloignés, et des projets sont à l'étude pour
augmenter d'un tiers l'eau distribuée journellement à Paris, portant
ainsi à près de 500,000 mètres cubes le volume destiné aux égouts. Les
propriétaires seront ainsi forcés d'adopter ce système diviseur, en

payant une redevance à la Ville pour chaque tuyau de chute, dès qu'un égout passera devant leur propriété.

Mais il faut remarquer que, dans ce système, la plus grande partie de la vidange passe par l'égout; l'eau, employée en grande abondance dans les water-closet, délaie constamment les matières solides en les entraînant et ne retenant dans la tinette mobile que des papiers et des corps étrangers. Puis, contrairement à l'opinion vulgaire, c'est dans l'urine, dans les liquides des vidanges, que se trouve la plus grande partie des matières azotées, putrides et fermentescibles. Ce système diviseur est donc un écoulement dissimulé, direct et presque total de la vidange à l'égout.

Dans ces conditions n'est-il pas à craindre que les mauvaises odeurs, chassées des maisons particulières, ne se réfugient dans les égouts actuels pour se répandre ensuite dans l'atmosphère par les regards et les ouvertures sur les voies publiques? C'est pourquoi il sera nécessaire de mettre des fermetures hydrauliques à toutes les bouches d'égouts et à tous les regards. La pente dans tous les égouts sera-t-elle ensuite assez forte pour entraîner l'augmentation considérable de matières solides, qui seront déversées journalièrement quand le nouveau projet sera appliqué entièrement? Le système de curage par bateau-vanne ou par wagonnet, employé aujourd'hui, sera sans doute insuffisant, et certains égouts seront probablement trop faibles pour recevoir une telle augmentation courante de débit. Dans tous les cas, il y aura des dépôts fréquents sur les bords de matières fécales solides et il faudra une ventilation constante pour permettre aux ouvriers de séjourner dans les égouts pour les nettoyer. Toutes ces questions ont été étudiées par les ingénieurs de la Ville depuis longtemps, et nous souhaitons que toutes les objections aient été prévues et résolues. Il ne faudrait pas, après avoir supprimé les fosses fixes, retrouver en partie dans les égouts les inconvénients qu'on y rencontrait.

Fosses étanches. — Le système des fosses étanches est encore le plus répandu actuellement, non seulement à Paris, mais dans la plupart des villes. Les fosses, maçonnées ordinairement en pierres meulières et cimentées, ont une capacité de 25 à 30 mètres cubes. Ce système a l'avantage de ne pas exiger un réseau d'égouts compliqué et onéreux; il ne les encombre pas de matières solides et ne jette pas dans la circulation des liquides en fermentation et pouvant contenir des germes morbides, causes de nombreuses épidémies, suivant M. Pasteur. De plus, les matières fécales, si riches comme engrais, peuvent être recueillies et traitées entièrement pour être livrées, sans aucune perte, aux agriculteurs.

Mais les inconvénients des fosses fixes sont également très grands. Des infiltrations, provenant du mauvais état de la maçonnerie, peuvent infecter le sous-sol et polluer les eaux souterraines voisines. L'emmagasinage, dessous chaque maison, d'une masse putride en décomposition est une cause grave d'insalubrité, admise par tous les médecins hygiénistes. Par les tuyaux d'évent, exigés par l'Administration pour la ventilation des fosses, et débouchant au-dessus des maisons, on entretient au-dessus des habitations une couche permanente de gaz délétères et nauséabonds, et il suffit d'un changement atmosphérique pour la rabattre vers le sol. L'extraction nocturne des matières par les systèmes défectueux actuels est encore une cause d'insalubrité, sentie malheureusement chaque soir par les promeneurs, et qui infecte souvent tout le quartier où se fait l'opération. Nous verrons plus loin, parmi tous les systèmes proposés, quels seraient ceux qui devraient être encouragés par l'Administration et perfectionnés. Enfin, les nombreux dépôts de vidange, n'observant pas toujours les prescriptions de leur autorisation, forment autour de la ville un réseau d'usines dont les odeurs fétides se répandent au loin.

Fosses mobiles. — Enfin, il y a le système des fosses mobiles, c'est-à-dire des tonneaux recevant et gardant toutes les matières solides et liquides. Ce système est encore appliqué à Paris dans beaucoup d'habitations où il y a impossibilité, pour une cause quelconque, d'établir une fosse fixe étanche. Au point de vue de la salubrité, ce système, s'il était bien établi et un peu perfectionné, serait peut-être le meilleur. Mais on comprendra facilement qu'il doit être coûteux et difficile à appliquer d'une manière générale. Certaines maisons considérables exigeraient un grand nombre de ces tonneaux mobiles devant être vidés quotidiennement ou à peu près. Cependant, la municipalité de Birmingham, imitée par celles de Leeds et de Manchester, après une enquête remarquable sur les eaux d'égouts et les vidanges, a conclu à l'adoption d'un système de fosses mobiles, enlevées fréquemment de nuit et à l'exclusion absolue du déversement des matières de vidange dans les égouts.

Il sera peut-être intéressant d'ajouter à ce propos, à titre de curio-
sité, qu'en Chine et au Japon les excréments sont déposés par chaque
individu dans un vase spécial très bien entretenu. Les latrines n'existent pas même dans les grandes villes, et les chaises percées font
partie indispensable de l'ameublement des chambres à coucher, des
trousseaux de noces. Une jarre située dans la cour de la maison reçoit
toutes les immondices qui sont enlevées chaque jour et versées, soit
immédiatement sur les champs, soit dans des bateaux fermés qui
les transportent au loin. (*Rapport adressé par M. Legouet au comité
d'hygiène.*)

EXTRACTION DES VIDANGES.

Pompes à bras. — Examinons maintenant les différents procédés
adoptés dans les villes pour extraire les vidanges des fosses fixes et
pour les conduire loin des habitations.

Encore aujourd'hui la pompe à bras est très employée par la plupart
des entrepreneurs et ce procédé primitif remonte cependant pour
Paris à l'année 1818. Avant cette époque le nettoyage des fosses, non
étanches généralement, s'opérait avec des seaux à la main servant à
emplir des tonnes ou tinettes. On les remplaça plus tard par des
tonnes en bois montées sur deux ou quatre roues. Et comme preuve
de la lenteur du progrès, si désirable qu'il puisse être, on peut affirmer
qu'il existe encore en France un grand nombre de villes, préfectures
et sous-préfectures, où l'on se sert des seaux pour la vidange.

Les pompes généralement employées et à bras sont doubles et à
soufflets. Les corps de pompe n'ont pas de pistons, mais sont terminés
par une enveloppe en cuir souple et la différence de capacité à chaque
mouvement des bielles produit l'aspiration et le refoulement du liquide.
Mouvement comparable à celui d'un ballon de caoutchouc, placé
dans la main, qui projette de l'air ou du liquide quand on le déforme
ou quand on le presse et qui en aspire quand on le laisse reprendre sa
forme primitive.

D'autres pompes sont encore employées pour les travaux de vidange
qui donnent plus ou moins de satisfaction. Nous citerons notamment la
pompe Keizer représentée fig. n° 3, pl. 15, en coupe longitudinale et
montée sur deux roues. Elle est à simple effet et se compose d'un cylindre

en fonte dont l'axe se confond avec ceux des tuyaux d'aspiration et de refoulement. L'appareil est muni de deux clapets en caoutchouc, l'un fixe et l'autre mobile qui est assemblé sur le piston. Les lèvres de ces clapets sont maintenues écartées à leur base par des armatures en bronze s'arcboutant sur le collier de même métal qui les assujettit sur leur siège. Une simple inspection de la figure montre que les matières aspirées ne subissent aucune contraction, ni aucune déviation dans leur parcours. Il en résulte que cette pompe peut aspirer et laisser passer à travers ses clapets les liquides visqueux et épais, tels que le tout-venant de la vidange, contenant le plus souvent des chiffons, des bouteilles cassées, de la paille, etc... Cet appareil présente, en outre, une particularité assez intéressante et qui consiste en ce que le mécanisme actionnant le piston fonctionne dans l'intérieur de la pompe. La manivelle et la bielle, qui impriment au piston son mouvement de va-et-vient, se meuvent dans deux supports creux formant réservoirs d'air. L'axe sur lequel est calée la manivelle traverse deux presse-étoupes et reçoit son mouvement d'un levier mû à bras. Il n'y a donc aucune communication entre le liquide aspiré et l'air extérieur, et cette pompe est éminemment propre au service de la vidange et présente une supériorité incontestable sur les appareils à soufflets qui se crèvent et donnent lieu à de fréquentes et coûteuses réparations.

Pour des pompes puissantes, analogues à celles employées couramment dans les travaux des vidanges, il serait préférable d'étudier un système à double effet avec un double levier comme dans les pompes à incendie. Nous avons constaté souvent que la manœuvre de cette pompe à levier simple est fatigante et difficile. Le levier double serait un perfectionnement facile à apporter et déjà employé dans un établissement. Quant à la pompe à double effet, nous ne savons pas si l'inventeur s'en est occupé, mais nous croyons ce projet intéressant.

Avec les pompes les plus parfaites on arrive rarement à vider complètement une fosse, surtout si elle n'est pas parfaitement étanche. Il y a presque toujours une certaine quantité des matières solides qu'il faut enlever à la main avec des seaux avant de balayer et de nettoyer la fosse, comme l'exigent les règlements de salubrité.

Brûleurs. Systèmes de désinfection. — En envoyant les matières au moyen d'une pompe quelconque dans une tonne, on déplace l'air emprisonné dans cette tonne, lequel mélangé avec tous les gaz méphitiques de la vidange sont aussi mauvais que le gaz de la fosse elle-même. C'est pourquoi dans plusieurs grandes villes, et à Paris notamment, on oblige les entrepreneurs se servant de pompes à brûler les gaz chassés des tonnes, ou à les désinfecter par un procédé quelconque.

Au-dessus de la tonne se trouve donc un tuyau recourbé en col de cygne de 50 à 60 millimètres de diamètre, laissant dégager les gaz et les amenant au-dessous de la grille d'un petit foyer à coke placé sur la voie publique à côté de la tonne. Un tube de niveau placé sur la circonférence permet de voir quand la tonne est remplie et d'arrêter la pompe. Malgré ces prescriptions on peut malheureusement se rendre compte soi-même que les mauvaises odeurs se répandent encore au dehors et infectent le voisinage. Il arrive souvent, en effet, que le fourneau est allumé seulement d'un côté et que les gaz passent intacts sans être brûlés ou bien qu'on emplit trop la tonne et les matières entrant dans le tuyau des gaz vont éteindre le foyer et se répandre sur le sol.

Et cependant une ordonnance de police prescrit de désinfecter préalablement les matières au moyen d'un agent chimique. Les matières employées le plus ordinairement sont le sulfate de fer, le sulfate de zinc, le saint-Luc ou chlorure de zinc. Mais il arrive le plus souvent que ces désinfectants ne sont pas mis en quantité suffisante et dans tous les cas leur mélange avec les matières est imparfait, car il faudrait opérer un brassage difficile dans la fosse. De plus les sels métalliques employés transforment en sels ammoniacaux fixes le carbonate et le sulfhydrate; il en résulte, comme nous le verrons plus loin, que dans la fabrication du sulfate d'ammoniaque avec les liquides des vidanges, l'ammoniaque se dégage plus difficilement par l'ébullition et exige une plus grande addition de chaux. Les entrepreneurs de vidange ont donc tout intérêt à employer le moins possible de désinfectant qui leur coûte plus ou moins cher et qui nuit à la fabrication de leurs produits ultérieurs.

Les procédés chimiques d'ailleurs n'ont pas donné jusqu'à ce jour des résultats concluants. On ne connaît pas de substance chimique capable d'absorber tous les gaz provenant de la décomposition des matières fécales et dont la science connaît à peine la nature. On y rencontre, en effet, outre l'hydrogène sulfuré, l'hydrogène carboné, le carbonate et le sulfhydrate d'ammoniaque, des combinaisons telles que les sulfures de méthyle et d'éthyle, l'indol, le scatol, et l'indican, etc..., et les cyanures et isocyanures des mêmes séries, substances instables, modifiables, et dont par suite la présence est difficile à constater. (*Rapport du Conseil d'hygiène et de salubrité du département de la Seine.*) L'expérience prouve d'ailleurs que si un composé chimique arrive à absorber quelques-unes de ces substances, d'autres s'échappent dans l'atmosphère et donnent de l'odeur.

Le feu employé pour désinfecter les gaz provenant de la vidange ne donne pas un résultat complet, et d'ailleurs, est-il bien prouvé que les gaz méphitiques soient tous décomposés et transformés par la chaleur? L'expérience ne l'a pas non plus suffisamment démontré. Tout ce qu'on peut dire c'est que ces vapeurs infectes, après avoir traversé une couche de combustible d'une épaisseur suffisante, doivent être dépourvues de tous les germes nuisibles, suivant les travaux de M. Pasteur et, s'ils sentent mauvais, du moins ils ne sont pas la cause de la propagation des épidémies.

Comme le dit M. Chevalet, si compétent en ces matières, dans son *Mémoire sur la vidange des fosses* (Lyon, 1880). « Voilà cent ans et plus qu'on réglemente le service des vidanges et, si l'on veut réfléchir sérieusement, il faut avouer que ce service ne s'est guère amélioré ni par l'emploi des tonnes en tôle, ni par les pompes les plus perfectionnées, ni par les brûlages de gaz. D'où vient donc qu'on n'obtient pas un service meilleur? La cause, on peut le dire, réside tout entière dans l'obligation de faire la vidange la nuit. En effet, comment veut-on qu'un travail de nuit soit bien fait ; à ce moment tout le monde est couché ou à peu près, et comme cette opération est sale en elle-même, sent mauvais, on en a une telle répugnance que personne ne veut la voir. Le personnel chargé de la faire ne peut pas être bien recruté à cause de la nature même du travail; l'entrepreneur n'est pas là et ne peut pas passer, du reste, toutes ses nuits à surveiller ses hommes. Aussi qu'en résulte-t-il? c'est que la vidange est faite, disons le mot, salement et sans observer toutes les prescriptions contenues dans les règlements.

« Il n'en serait pas de même si dans toutes les villes on autorisait la vidange de jour et, même mieux, si on obligeait à la faire de jour. En effet, à ce moment tout le monde surveille et tout le monde est intéressé à surveiller : le propriétaire ou les locataires de la maison où se fait l'opération, l'entrepreneur de vidange, le public qui passe dans la rue et enfin la police municipale. — Toutes sortes d'avantages en découlent; vidange de la fosse le plus proprement possible, plus d'odeurs nauséabondes, plus de bruit la nuit, emploi d'un personnel plus convenable, d'un matériel plus propre et mieux entretenu.

« Est-il possible d'autoriser la vidange de jour avec les pompes et les tonnes en bois ou en tôle? Il faut avouer que non; aussi plusieurs municipalités ont-elles pris une mesure radicale, c'est de n'autoriser que la vidange de jour par le système atmosphérique. C'est le seul, en effet, qui soit vraiment propre et qui ne donne pas lieu à des dégagements d'odeurs désagréables. Je puis citer à cet égard Bordeaux, qui a pris son arrêté il y a six ans. Plusieurs villes ont, il est vrai, autorisé la la vidange de jour, mais n'en ont pas fait une obligation. On ne peut que le regretter. »

Nous sommes ainsi conduits naturellement à parler des systèmes atmosphériques.

Différents systèmes atmosphériques. — Comme chacun le sait, le système atmosphérique consiste à faire le vide dans des tonnes qui se remplissent ensuite près des fosses par la simple pression barométrique. On comprend que le vide dans les tonnes peut être fait préalablement à l'usine ou bien sur place par une machine.

En faisant la comparaison de ces deux systèmes, on peut voir d'abord que le vide préalable à l'usine est bien préférable, à beaucoup de points de vue, s'il n'est pas le plus économique. En effet, le vide fait sur place exige, soit une pompe mue par une locomobile, soit une chaudière avec un injecteur Kœrting ou autre. Ces divers systèmes demandent un foyer, une provision de combustible et d'eau. De plus, le bruit des machines gêne beaucoup les passants et les habitants des maisons voisines du travail. En faisant le vide sur place on est obligé de rejeter dans l'atmosphère l'air infect, extrait de la tonne, et l'on se retrouve en face des inconvénients signalés plus haut avec l'emploi des pompes : difficulté de brûler et de désinfecter complètement les gaz provenant des tonnes.

Avec les tonnes, dans lesquelles le vide a été fait à l'usine, il n'y a plus aucun bruit, aucune odeur possible, puisque la moindre fuite, le moindre contact avec l'air extérieur, des tonnes ou de la conduite, empêche tout travail. Il n'y a plus aucune manipulation dégoûtante; un simple tuyau met la fosse en communication avec la tonne, et cette dernière s'emplit d'elle-même par la manœuvre d'un simple robinet,

sans que la matière puisse jamais avoir aucun contact avec l'atmosphère. Un autre avantage, encore très grand et qui mérite d'être
spécialement signalé, réside dans la suppression complète des fraudes
consistant à vider la nuit les tonnes dans les égouts ou sur la voie
publique. Les tonnes étant en effet obligées de revenir chaque fois à
l'usine pour se vider et reprendre du vide, les ouvriers n'ont plus
aucun intérêt à répandre des matières en route, et le contrôle devient
ainsi très facile. Cette considération seule devrait décider les municipalités à *imposer* le système atmosphérique fait à l'usine pour les
extractions de vidange.

Vide sur place. — A Lyon on se sert depuis longtemps de
l'appareil hydropneumatique de M. Duvergier, ingénieur-construc-
teur. (*Voir le 24ᵉ volume de la Publication industrielle de M. Armen-
gaud aîné, année 1877.*) — C'est une pompe à double effet en
bronze, entièrement noyée dans une bâche remplie d'eau, pour éviter
les fuites, et montée sur un chariot à quatre roues. Cette pompe,
mue par la vapeur, est en communication par un tuyau en caoutchouc avec la tonne à remplir, qui elle-même communique avec
la fosse par une autre conduite. Pour une profondeur moyenne de
4ᵐ,50 à 5 mètres au-dessous du sol une dépression de vide de
20 centimètres de mercure est suffisante au début, la fosse étant
pleine. On augmente ensuite la dépression jusqu'à 50 centimètres,
à mesure que le niveau baisse dans la fosse. On peut ainsi remplir
une tonne de 4 mètres cubes en 5 à 6 minutes. Pour des profon-
deurs exceptionnelles de fosses, 7 à 8 mètres au-dessous du sol, il faut
un vide de 65 centimètres, et le remplissage de la tonne se fait en 12
ou 15 minutes. Dans des expériences faites à Lyon, en 1877, avec cet
appareil, on a pu extraire une première fois 140 mètres de vidange en
deux fosses, en 6 heures; une autre fois, 120 mètres en 10 fosses, en
6 heures. C'est actuellement la Compagnie départementale de Vidanges
et Engrais qui exploite ce procédé à Lyon. Une disposition assez heu-
reuse permet de conduire les gaz déplacés par la pompe sous le foyer
de la chaudière et un flotteur-avertisseur empêche les matières d'aller
du récipient dans le corps de pompe. Cet appareil, bien étudié et pratique, donne une bonne utilisation du travail, mais il a toujours l'inconvénient du bruit et de la fumée de toute locomobile sur la voie
publique.

2

À Paris, la Compagnie Parisienne de Vidanges et Engrais s'est servie dernièrement de l'injecteur Kœrting pour faire le vide sur place. L'injecteur était monté sur une chaudière locomobile à foyer amovible et à retour de flammes de la Société centrale de Construction de machines de Pantin. Un récipient placé sur le côté de la chaudière reçoit la vapeur à la sortie, la détend et évite ainsi une partie du bruit désagréable du jet de vapeur, puis s'échappe dans la cheminée, entraînant les gaz. Ce système, s'il fait moins de bruit qu'une pompe à vapeur, doit être plus coûteux, si l'on se reporte au travail utile ordinaire des injecteurs, bien inférieur au rendement d'une pompe bien établie et en bon état.

Plusieurs autres systèmes sont actuellement employés à Paris par les différentes entreprises pour l'extraction des vidanges par le système atmosphérique sur place. Nous citerons notamment le système Tallard, qui donne de bons résultats, mais ne diffère pas sensiblement du système exposé plus haut, c'est-à-dire une pompe à vapeur montée sur une locomobile. On y retrouve donc les mêmes inconvénients qui ont été signalés.

Vide fait à l'usine. — Le vide fait d'avance à l'usine dans les tonnes peut être obtenu par différents systèmes. Dans quelques villes de France, et notamment à Paris où ce service fonctionne dans la banlieue ouest et dans les XVI° et XVII° arrondissements, la Compagnie générale d'Assainissement et de Fertilisation a employé d'abord à son usine deux pompes pneumatiques à simple effet et accouplées, analogues pour la disposition des clapets d'entrée et de sortie de l'air aux pompes pneumatiques des laboratoires. Ces pompes, installées dans l'usine des Groues, à Nanterre, ont été construites par M. Gabert, de Lyon. Elles ont 25 centimètres de diamètre sur 35 centimètres de course, avec une vitesse de l'arbre de 40 tours par minute. Quand les garnitures en cuir des pistons sont en bon état, on peut faire le vide à 70 centimètres de mercure en 15 ou 18 minutes dans des tonnes de 4^m,50. Ces pompes ont donné jusqu'à présent de bons résultats, mais dernièrement on a installé dans la même usine une nouvelle paire de pompes plus puissantes, provenant de la maison Crespin, de Paris, et analogues à celles employées par l'Administration des Télégraphes pour le service de son réseau pneumatique. Ces pompes ont des pistons avec garnitures en caout-

chouc (système Giffard), et marchent à 40 tours, avec une course de
35 centimètres; diamètre, 35 centimètres. On obtient ainsi avec ces
pompes un vide de 70 centimètres en 4 à 5 minutes dans une tonne
de 4ᵐ,50.

Voici d'ailleurs quelques détails sur ce service tel qu'il doit être fait à
l'usine : Une machine fixe de 12 chevaux, servant aux différents besoins de
l'établissement actionne les deux systèmes de pompes décrites plus haut;
une seule étant en service, l'autre servant seulement en cas d'accident ou
de réparation de la première. Un grand réservoir cylindrique de 12 mètres
cubes, placé au centre d'une cour, est en communication directe avec
les pompes, et on y maintient un vide constant de 70 centimètres. Les
tonnes venant prendre leur vide ont un accès facile tout autour de ce
réservoir; plusieurs prises avec robinets permettent de le mettre en
communication, par un tuyau en caoutchouc, avec chacune des
tonnes qui vient se présenter, et 3 à 4 minutes suffisent pour obtenir
dans la tonne le degré voulu de 70 centimètres de vide. Le service se
fait donc ainsi très rapidement et permet en travail courant, de vider
une fosse de 30 mètres cubes en 35 à 40 minutes, si les tonnes se
suivent sans interruption, sans arrêt dans leur parcours. On a vidé
ainsi, en septembre dernier, les fosses de la mairie de Courbevoie, en
présence du maire, du conseil municipal, d'un inspecteur de la salubrité, et l'on a constaté que les tonnes s'emplissaient en 3 minutes sans
aucune odeur. La désinfection de la fosse avait été opérée avec de
l'acide thymique.

À Avignon, on a appliqué avec succès, paraît-il, la vapeur directe
pour faire le vide dans les tonnes. On injecte de la vapeur à 3 ou 4
atmosphères dans la tonne, et, quand on est certain que tout l'air a
été chassé dehors, on ferme les ouvertures d'entrée et de sortie. La
seule condensation de la vapeur produit un vide suffisant pour le service des vidanges. Ce procédé doit être prochainement expérimenté à
Paris.

En principe on peut faire le vide préalable à l'usine avec n'importe
quelle pompe bien étudiée et donnant un bon rendement, même avec
un injecteur. Un vide de 70 centimètres de mercure est suffisant,
comme il a été dit plus haut, pour la vidange des fosses les plus pro-
fondes. Avec les pompes pneumatiques, le calcul indique qu'il faut
extraire deux fois et demie le vide utile pour obtenir cette dépression
de 70 centimètres de mercure.

En effet, soit : V — volume d'air à expulser du récipient.

$\quad$ v — volume d'air expulsé par tour de pompe.

$\quad$ P — pression initiale ou atmosphérique.

$\quad$ p — pression de manomètre du récipient.

$\quad$ n — nombre de tours nécessaires pour obtenir la pression P.

On a :

$$p = \frac{P\,V^n}{(V+v)^n}$$

d'où

$$n = \frac{\log. p - \log. P}{\log. V - \log. (V+v)}$$

Connaissant ainsi le nombre de tours nécessaires pour obtenir la pression voulue et la capacité des corps de pompes, on trouve facilement le rapport du volume d'air extrait à celui du récipient.

Des expériences, faites le 17 mars 1880 au poste télégraphique pneumatique de la rue Poliveau, ont donné les résultats indiqués dans le tableau ci-dessous. Les deux pompes pneumatiques débitaient ensemble 290 litres par tour, le vide était fait dans 8 réservoirs de 10 mètres cubes chacun, précédés d'une canalisation de 269 litres.

En appliquant la formule précédente, on a obtenu :

$$n = \frac{\log. p + \bar{3}.1191864}{\bar{1}.9984338}$$

correspondant aux valeurs pratiques suivantes :

DEGRÉ DE VIDE au manomètre.	VALEUR DU VIDE en millimètres de mercure.	VALEUR calculée de n.	VALEUR expérimentale de n.	DIFFÉRENCES
degrés.	millimètres.	tours.	tours.	tours.
10	660	39	39	»
20	560	85	96	11
30	460	139	160	21
40	360	207	225	17
50	260	298	342	44
60	160	432	514	72
70	60	704	889	185

La différence plus ou moins grande entre la valeur pratique de n et sa valeur théorique dépend uniquement de la pompe et de son bon état

de marche. Un vide de 70 centimètres de mercure doit correspondre
pratiquement en moyenne à trois fois et demie le vide utile, c'est-à-
dire qu'il faut compter expulser trois fois et demie le volume d'une
tonne pour obtenir dans cette tonne une dépression de 70 centimètres
de mercure.

Lorsque le vide est fait dans la tonne, elle est amenée le plus près
possible de la fosse à extraire, et reliée avec celle-ci par de gros tuyaux
en fer galvanisé, en zinc ou en cuivre, assemblés par des joints étanches, et dont l'ensemble s'appelle *colonne*. Tous les joints doivent être
parfaitement étanches pour éviter toute rentrée d'air, et nous conseille-
rons comme le meilleur et le plus rapide le joint Keizer. Les figures
nᵒˢ 4, 5 et 6, pl. 15, représentent, en élévation et en coupe, les bouts
mâle et femelle des tuyaux munis de ces raccords, ainsi que la clef
servant à faire leur jonction. Comme on peut le voir, cette jonction
s'opère par la pression d'une came agissant sur le rebord du bout mâle,
qui vient s'appliquer sur une rondelle en caoutchouc encastrée dans
une rainure en queue d'hirondelle pratiquée dans l'épaisseur du bout
femelle. On commence par introduire le rebord du bout mâle dans la
gorge demi-circulaire du bout femelle; puis, on saisit, au moyen de la
clef, les axes sur lesquels sont fixées excentriquement les cames, et il
suffit alors de rabattre la clef sur le bout mâle pour que la jonction se
fasse. On obtient ainsi en deux mouvements, très simples et rapides, un
joint absolument étanche, et on évite les inconvénients que présentent
tous les systèmes à vis.

Quand la colonne est bien établie, on fait plonger son extrémité au
fond de la fosse, on ouvre une vanne ou un robinet sous la tonne. La
pression atmosphérique agit sur la surface du liquide et oblige les
matières, même solides, à passer à travers le tuyau et à se précipiter
dans la tonne. On trouve dans les fosses, du sable, des pierres, des
chiffons, jusqu'à des bouteilles; or, comme il n'y a ni clapets, ni
étranglements, si les tuyaux sont assez gros, rien ne s'oppose au passage
de ces matières solides étrangères, et on les retrouve dans les tonnes. Si
la fosse est étanche, convenablement établie avec une cuvette, on peut
la vider entièrement sans être obligé d'y descendre. La tonne s'emplit
presque complètement pour une différence de niveau de 3 à 4 mètres.
Si la fosse est trop profonde, la tonne ne s'emplit plus qu'imparfaite-
ment, aux deux tiers et même à la moitié, et il y a ainsi une perte
notable. C'est pourquoi nous conseillons d'ajouter au système atmo-

sphérique qui vient d'être décrit complètement, une petite pompe pneumatique à bras, pouvant être manœuvrée sur place et servant seulement lorsque, pour une cause quelconque, profondeur des fosses ou fuites accidentelles, les tonnes seraient insuffisamment pleines. A cette pompe portative, montée sur roue, serait annexé un petit foyer à coke pour brûler les gaz sortant des tonnes, tel qu'il est exigé par les règlements administratifs.

On pourrait rendre encore plus simple la vidange des fosses en posant à demeure un tuyau en fonte d'un gros diamètre, allant du fond de la cuvette de la fosse au bord du trottoir de la rue. Ce tuyau serait fermé par un bouchon à vis, ou un joint Keizer, et enfermé dans une boîte en fonte, analogue aux prises d'eau sous trottoir. Le service de jour se ferait ainsi sans ouverture de la fosse, sans aucun dérangement, sans odeur.

Il paraîtrait que ce système a été établi dans une ville de Hollande et que tous les tuyaux d'aspiration ont été reliés par une conduite centrale, passant dans la rue, avec une pompe puissante installée hors de la ville à l'usine à engrais. C'est un procédé ingénieux, efficace au point de vue de la salubrité, qu'il serait intéressant d'étudier, afin de se rendre compte du coût de l'installation et du fonctionnement.

A propos de ce projet de canalisation souterraine pour le transport des vidanges hors des villes, il peut être intéressant de reproduire le passage suivant d'un mémoire sur les *Odeurs de Paris*, présenté par M. Henri Sainte-Claire-Deville à l'Académie des sciences, dans la séance du 20 septembre 1880. « ... Il n'en est pas de même (dit-il au point de vue de l'innocuité), des odeurs provenant des matières excrémentielles que l'on constate malheureusement à Paris et dans les environs. Elles sont, il est vrai, nauséabondes, ce qui ne les rend pas nécessairement nuisibles ; mais elles peuvent emprunter à la source dont elles proviennent les germes auxquels on attribue aujourd'hui les maladies choleriformes et typhoïdes, que l'on redoute de voir devenir endémiques à Paris, comme elles le sont depuis longtemps dans l'Inde.

« Mon savant et illustre ami, M. Pasteur, nous donnera sans doute, avec des démonstrations rigoureuses, la cause et peut-être les remèdes préventifs de ces redoutables fléaux; mais, dès aujourd'hui, grâce à ses travaux, devenus classiques, nous pouvons fixer les conditions auxquelles il faut soumettre le transport et le traitement des matières excrémentielles pour qu'elles cessent d'être fétides et ne puissent devenir dangereuses pour la santé publique.

« Il est possible qu'un jour ces matières, reçues dans des vases métalliques, sans avoir jamais de contact avec l'air extérieur, soient transportées sous terre dans des tuyaux métalliques, canalisation aussi gigantesque que celle qui conduit l'eau et le gaz, et dans laquelle on entretiendrait une certaine dépression. Ces matières, reçues dans de grandes vases métalliques, neutralisées ou même acidifiées par des substances appropriées et parfaitement connues, portées à une température égale ou même supérieure à 100 degrés, qui suffit à détruire tous les germes, séchées dans ces appareils, seraient livrées à l'agriculture sans perte d'aucune substance utilisable et sans avoir porté dans l'atmosphère aucune trace de matières odorantes ou nuisibles.

« Toutes ces conditions, conformes aux prescriptions formulées par le Conseil d'hygiène et le Comité consultatif des arts et manufactures, peuvent être réalisées avec les procédés connus ou légèrement perfectionnés. Il reste seulement à savoir si les sommes considérables qu'il faudrait consacrer à cette réalisation seraient en proportion avec les avantages qu'en retirerait l'hygiène publique et la désinfection absolue des grandes villes. Rien ne dit, par exemple, que l'intérêt du capital ainsi dépensé, si on l'applique à l'amélioration du régime des hôpitaux, à l'assainissement des logements insalubres, etc., ne sauverait pas plus d'habitants de Paris chaque année que les épidémies partielles n'en peuvent faire périr.

« La science peut donc indiquer les solutions absolues, mais c'est aux économistes à décider si leur application est désirable et possible. »

En résumé, quand on sera conduit à admettre des fosses fixes dans les villes, il faudra exiger rigoureusement qu'elles soient parfaitement étanches, afin qu'aucune infiltration ne puisse empester les puits voisins et transporter souvent ainsi les germes de maladies épidémiques. On étudiera ensuite un système d'extraction de ces fosses, tel qu'il n'y ait aucun contact avec l'atmosphère pendant l'opération, soit un système de canalisation souterraine, soit un système atmosphérique avec service de jour, sans être obligé d'ouvrir les fosses et les tonnes ayant pris leur vide préalable à l'usine. Tout le monde pourra ainsi se rendre compte du travail, le surveiller. Aucune matière ne sera jetée dans les égouts ou sur le sol et aucune odeur ne se répandra dans l'atmosphère.

TRAITEMENT ET UTILISATION DES VIDANGES.

Les vidanges amenées hors des villes sont traitées par différents systèmes, et d'abord suivant qu'elles sont mélangées aux eaux d'égouts, aux eaux ménagères, ou extraites séparément, provenant des fosses fixes ou mobiles.

Parlons d'abord de l'utilisation des vidanges mélangées soit partiellement, soit totalement aux eaux d'égout. — En Angleterre la plupart des villes déversent les matières fécales à l'égout avec les eaux ménagères, formant ce qu'on appelle le *sewage*. A Édimbourg, de magnifiques prairies, entourant la ville, reçoivent les eaux d'égout depuis plus d'un siècle et donnent d'excellents résultats. A Londres, de puissantes machines relèvent le sewage et l'amènent par des grands collecteurs près de Barking, à 30 kilomètres de la ville, sur les bords de la Tamise. Un vaste projet avait été étudié et adopté, de diriger ce courant impur par un canal de 70 kilomètres jusqu'aux sables de Maplin, sur la mer de Nord, afin de fertiliser une immense étendue des dunes incultes. D'autres essais de filtration mécanique et d'épuration chimique ont été tentés sans succès. Aujourd'hui une partie seulement du sewage sert à l'irrigation de vastes domaines proches de Barking et spécialement de la ferme de Lodge-Farm, dont les résultats remarquables ont été plusieurs fois cités. La plus grande partie des eaux d'égout non utilisées est déversée dans la Tamise et la marée montante ramène souvent des eaux souillées jusqu'à Londres. — A Bruxelles, à Berlin, à Vienne on utilise également les eaux d'égout pour l'irrigation de vastes terrains situés hors des villes. — En Italie, les marcites de Milan, vastes prairies permanentes de près de 1000 hectares sont réputées depuis très longtemps.

Enfin à Paris, le même principe a été appliqué à la presqu'île de Gennevilliers. Depuis plusieurs années une partie des eaux d'égout, dont le volume journalier total est de 260 000 mètres cubes, est relevée à l'usine de Clichy et distribuée à différents agriculteurs et maraîchers de la commune de Gennevilliers. De grands travaux de canalisation et de drainage ont été faits pour la distribution de ces eaux et aujourd'hui le succès peut être considéré comme certain. Les terrains naguère incultes de cette presqu'île ont triplé et quadruplé de valeur, produisent des légumes appréciés sur le marché de Paris et qui ne le cèdent en rien aux produits des autres maraîchers. L'eau retourne à la Seine complètement limpide et pure, contenant à peine 0^k,002 d'azote par mètre cube. Mais pour s'assurer une plus vaste étendue de terrain on va prochainement étendre aux grandes plaines du domaine d'Achères, au milieu de la forêt de Saint-Germain, les travaux d'épuration qui ont donné toute satisfaction aux ingénieurs de la Ville. Et, à ce propos, il est utile de faire remarquer qu'à Paris on a surtout en vue l'épuration par le sol des eaux d'égout plutôt que leur utilisation complète au point de vue agricole. Ce sont deux questions très distinctes, comme l'a bien expliqué M. Schlœsing. L'irrigation ou utilisation complète exige une superficie considérable, un hectare de culture ne pouvant consommer que 4000 à 5000 mètres cubes par an. Par l'épuration, au contraire, on peut arriver à faire absorber au sol 50 000 mètres cubes par hectare et par an comme à Gennevilliers. Il faut donc dix fois plus d'étendue pour l'utilisation complète que pour l'épuration, et on comprendra facilement que, si désirable que soit la solution de rendre à l'agriculture tous les produits utilisables, le projet ne soit pas toujours applicable près des grandes agglomérations où les terrains sont chers. C'est ce qui a fait choisir pour la ville de Paris le système de l'épuration, combiné cependant avec une utilisation méthodique. L'épuration par le sol est un phénomène de combustion lente, continue, en même temps qu'une filtration, mais ne peut donner de bons résultats que dans des terrains perméables, de nature sableuse, car il est nécessaire que l'air puisse pénétrer dans le sol, le baigner et transformer en azotates l'azote des matières organiques.

Il est inutile de s'appesantir plus longtemps sur ces procédés qui ont fait l'objet d'études très complètes dans tous les pays et que M. Frankland a répandus en Angleterre. M. A. Durand-Claye a développé souvent ces mêmes idées dans plusieurs ouvrages importants et les a exposées, en 1878, au Congrès du Génie civil. Les projets adoptés par le Conseil municipal, pour étendre les travaux actuels, pourront donner de bons résultats, mais à la condition expresse d'augmenter la distribution actuelle de l'eau potable et de la porter à 500 000 mètres cubes par jour, en même temps que le réseau des égouts sera complété et amélioré, comme il a été indiqué précédemment.

Nous arrivons maintenant au traitement des vidanges provenant des fosses fixes ou mobiles et conduites hors des villes. — En Flandre, les matières fécales sont recueillies avec soin par les cultivateurs et répandues sur le sol à l'état vert sous le nom d'engrais flamand. La plupart des villes n'ont pas d'entreprise de vidange ; les cultivateurs eux-mêmes enlèvent gratuitement les matières des fosses et les amènent sur leurs cultures dans de grandes citernes voûtées et closes. Ils les répandent ensuite sur le sol avec des tonneaux roulants aux époques convenables et l'on peut se douter des émanations qui infectent alors le voisinage.

A Paris on extrait journellement environ 1650 mètres cubes de vidange, dont 300 mètres cubes provenant de tinettes mobiles. La Compagnie Lesage et la Compagnie Parisienne de Vidanges et Engrais, ont sur la Seine des bateaux en tôle, hermétiquement fermés, dans lesquels viennent chaque nuit se vider les tonnes qu'on voit et qu'on entend circuler dans tous les quartiers. Ces bateaux sont ensuite remorqués jusqu'aux principales usines, savoir : à Billancourt, à Aubervilliers, et à Choisy le Roi appartenant à la Compagnie Lesage et à Nanterre avant la fermeture de l'usine appartenant à la Compagnie Parisienne. Des pompes, mues par la vapeur, aspirent les matières dans les bateaux et les refoulent par des conduits souterrains dans de grands bassins recouverts d'une toiture en tuile. Depuis la fermeture de l'usine de Nanterre la Compagnie Parisienne a obtenu, à titre provisoire, de se servir de la voirie de Bondy pour y traiter ses vidanges. Les deux puissantes Compagnies citées plus haut traitent à elles seules plus de la moitié des vidanges de Paris, les autres entreprises, moins importantes, envoient directement vider leurs tonnes dans les bassins de leurs dépotoirs qui, tous, il faut bien le constater, ne sont pas encore couverts.

La matière ainsi amenée est appelée *tout-venant* et contient de 85 à 95.°/₀ de liquide. On la laisse reposer quelque temps dans ces bassins; le liquide qui surnage ou *eau-vanne* entre en fermentation, par suite de la décomposition des sels d'urée en sels ammoniacaux, et il est dirigé par décantation, dans d'autres bassins spéciaux où il doit servir à la fabrication du sulfate d'ammoniaque et des sels ammoniacaux que nous examinerons plus loin. La matière épaisse, déposée au fond des bassins, forme une boue visqueuse très difficile et très longue à dessécher et forme la base de la poudrette. — Autrefois, et maintenant encore dans beaucoup d'établissements, cette matière était abandonnée à l'air libre et ne se desséchait qu'après plusieurs années et avec des manipulations difficiles. Il en résultait alors des émanations constantes dans le voisinage, s'étendant même fort loin sous l'action du vent, et une déperdition très sensible du titre d'azote dans l'engrais. Telle matière dosant 2 1/2 à 3 pour 100 d'azote, au début, n'en renferme plus guère que 1 1/2 pour 100 après une exposition à l'air de deux ou trois années. Encore est-on obligé le plus souvent de mélanger ces matières avec un corps pulvérulent, des cendres, du terreau, pour hâter et favoriser la dessiccation. Il y a donc un grand intérêt, au point de vue de la richesse en azote dans l'engrais à produire, d'opérer une dessiccation rapide de ces dépôts.

A Billancourt, à Aubervilliers et à Nanterre les matières déposées au fond des bassins de décantation sont répandues sur des plaques de fonte dans une série de carneaux et chauffées par les chaleurs perdues des eaux-vannes ayant servi à la fabrication du sulfate d'ammoniaque. Les vapeurs, provenant de cette dessiccation, composées en grande partie de vapeur d'eau mêlée à des gaz infects, sont appelées directement dans la cheminée de l'usine par des ouvertures situées à l'extrémité de chaque carneau. Quoique ce travail s'effectue dans un magasin parfaitement clos et couvert, les mauvaises odeurs sont loin d'être détruites ; la plus grande quantité s'échappe par la cheminée d'appel sans être dénaturée et, suivant la direction du vent, va s'abattre dans le voisinage, dans un rayon de plusieurs kilomètres. On peut attribuer, en grande partie à ces évaporations nauséabondes, les plaintes incessantes qui ont accueilli l'ouverture de l'usine de Nanterre en février dernier et sa fermeture au mois de mai suivant. Dans tous les établissements c'est ce travail de dessiccation des matières solides qui est la grande source d'infection [1].

Mais à ce propos des mauvaises odeurs en général, et en particulier de celles qui ont sévi sur Paris l'été dernier, c'est peut-être à tort que la presse surtout s'est attaquée avec acharnement aux dépotoirs de vidange et aux fabriques de sels ammoniacaux situés autour de Paris. Sans vouloir nier que ces usines ne nuisent un peu à leur voisinage, nous pouvons affirmer que d'autres industries, situées dans l'intérieur de la ville ou près des fortifications, sont une cause d'infection bien

1. MM. Bapst et Ch. Girard ont proposé tout récemment l'emploi de l'acide sulfurique nitreux, provenant des colonnes à coke des chambres de plomb, pour décomposer l'hydrogène sulfuré, se dégageant, soit des fosses d'aisances, soit de la dessiccation des matières épaisses, soit de la fabrication du sulfate d'ammoniaque. Des essais faits à l'hôpital de la Pitié ont donné d'excellents résultats, et il est à souhaiter qu'ils soient poursuivis dans les grandes usines où se fait le traitement complet des vidanges.

plus grande et que les odeurs en sont encore plus nauséabondes. Qu'il suffise de nommer les savonneries, les boyauderies, les fonderies de graisse, les fabriques de colle et d'autres, dont les odeurs répugnantes sont connues de tout le monde et particulièrement des habitants d'Aubervilliers.

Un grand nombre de procédés divers, plus ou moins ingénieux, ont été proposés, les uns pour séparer immédiatement les matières solides des liquides, les autres pour dessécher mécaniquement les dépôts formés dans les bassins de décantation, mais tous ayant pour but de restreindre ou de supprimer ces bassins. Nous allons en passer en revue quelques-uns seulement, sans avoir la prétention de les faire connaître tous.

Procédé Johnson. — En Angleterre, on a employé avec succès, paraît-il, à Stratford, près Londres, des filtres-presses système Johnson pour obtenir immédiatement la séparation des matières solides. Mais il faut se rappeler qu'à Londres les matières de vidange sont jetées à l'égout et mélangées avec les eaux ménagères. Voici d'ailleurs la description de ce procédé, tel qu'il est appliqué dans l'usine de l'inventeur. (Voir fig. n° 7, planche 15). — Le *sewage* est amené dans de grands réservoirs ou bassins coniques *A*, devant servir à l'approvisionnement de l'usine pour plusieurs jours. De ces bassins des tuyaux amènent successivement la matière dans un réservoir intermédiaire cylindrique *B*, placé en avant des premiers et on y ajoute 10 pour 100 de chaux, à l'état de lait de chaux. Les pompes à air *P*, mues par la vapeur, font le vide dans des réservoirs ou monte-jus en tôle *R*, en communication avec le réservoir *B*. — La matière est d'abord aspirée dans l'un des réservoirs à vide, puis refoulée au moyen d'une pompe refoulante dans de grands filtres-presses F ayant quelque analogie avec les filtres-presses Farinaux. Ces filtres ont 50 plateaux de 1m,20 de côté et la filtration s'opère à travers deux épaisseurs de drap et de croisé. Chaque opération dure de quatre à six heures suivant la composition de la matière et donne 2 mètres cubes de tourteaux solides qui sont recueillis par des wagonnets placés dessous les filtres. Avec une installation de deux filtres-presses semblables la filtration est continue, le déchargement de l'un se faisant pendant que le second continue la filtration. Le sewage anglais, à 95 pour 100 de liquide, produit environ 11 pour 100 de tourteaux de poudrette à 25 pour 100 d'hu-

[...] Une installation complète semblable [...] en France, et pourrait traiter par jour 200 mètres cubes [...]

On a envoyé dernièrement à Londres des échantillons de vidange de Paris pour être expérimentés par ce procédé et les résultats n'ont pas été très concluants. Dans le cas de tout-venant, c'est-à-dire de vidange non mélangée aux eaux d'égout, la chaux n'est plus suffisante pour obtenir une bonne filtration. Diverses substances ont dû être essayées pour neutraliser les matières gommeuses et mucilagineuses, et la cryolithe (fluorure double de sodium et d'aluminium) semble avoir donné de meilleurs résultats. Il serait à souhaiter que ce procédé fût appliqué en France d'une manière suivie, afin d'avoir des renseignements plus certains et pouvoir être fixé sur le rendement.

Procédé Gauthier et Guéroult. — Ce procédé n'est que l'application de la presse hydraulique de Bertin-Godot, Degoit et Goubet au traitement des vidanges. Cet appareil, déjà employé dans la sucrerie pour presser la pulpe de betteraves et dans la distillerie de grains pour recueillir et comprimer la drêche, est un filtre-presse de grande dimension à pression hydraulique. La pression doit atteindre 50 atmosphères sur les plateaux, suivant les expériences faites par les inventeurs, et chaque plateau est muni d'un crochet d'enclenchement qui le fixe au plateau précédent, de façon à ce que la pression maximum, une fois obtenue, puisse être maintenue pendant longtemps sans le secours de la force motrice. Ce perfectionnement, très avantageux pour le traitement des betteraves ou des grains, n'a pas le même intérêt pour la vidange où l'on demande une filtration, une séparation plutôt qu'un épuisement complet des liquides. Une pression de 4 à 5 atmosphères devrait suffire quand la matière est rendue propre à la filtration. On commence d'ailleurs par traiter le tout-venant par le Saint-Luc ou toute autre matière chimique pouvant obtenir une précipitation. Le Saint-Luc à la dose de 2 kilog. par mètre cube a donné un bon résultat. Le mélange, après avoir été brassé quelques instants, est abandonné à lui-même. Il est désinfecté complètement et, au bout de quelques heures, peut être décanté facilement. A la partie supérieure le liquide clair, inodore, peut être rejeté à l'égout, tout en contenant encore une notable quantité d'azote ammoniacal, ou bien il peut être employé à la fabrication des sels ammoniacaux. Dans ce cas il est nécessaire d'ajouter un excès de chaux pour décomposer les sels fixes qui se sont formés. La partie épaisse, déposée

au fond du bassin, passe seule à travers l'appareil filtre-presse hydraulique et donne des tourteaux dosant de 3 à 4 pour 100 d'azote. Le liquide
clair provenant de la filtration va rejoindre le précédent provenant de
la décantation et peut être envoyé soit à l'égout, soit aux appareils de
distillation. — La contenance de la presse est de 600 litres environ
pouvant traiter 100 mètres par jour.

Ce procédé serait sur le point d'être expérimenté sur une grande
échelle dans une usine de la banlieue de Paris et, s'il réussit, il aura
l'avantage de faire supprimer en partie les nombreux bassins de dépôts
qui sont une source d'infection et de dépenses dans les établissements.
Voici, d'après les inventeurs, le prix de revient pour le traitement de
100 mètres cubes de tout-venant :

Réactif, Saint-Luc, 200 kilog. à 0f,50.	100f —
Main-d'œuvre, 4 ouvriers	20 —
2 mécaniciens	12 —
Charbon, 360 kilog. à 30 francs.	10 80
Entretien des appareils	10 —
Amortissement, 10 pour cent du capital.	20 —
Total	172f 80

donnant environ 8 tonnes de poudrette à 3 à 4 pour 100 d'azote.

Procédé Cavalier, de Mazancourt. — M. Cavalier, de Mazancourt (Aisne) a proposé un procédé de précipitation des matières solides
à chaud par un composé chimique, dont il ne donne pas la composition et qui varie suivant la nature des vidanges à traiter. Cette première
opération ou défécation se fait dans une grande chaudière à double
fond chauffée par la vapeur et doit avoir l'inconvénient de produire des
vapeurs infectes. La filtration s'opère au travers d'un filtre-presse, système Farinaux, légèrement modifié ; puis on fait passer à travers les
filtres et la matière un courant d'air chaud provenant des carneaux des
chaudières et destiné à sécher complètement les tourteaux. Un appareil complet pouvant traiter 30 à 35 mètres cubes de vidange coûte-
rait environ 6000 francs. — Ce procédé est encore dans la période
d'essai et n'a pas été expérimenté industriellement dans une usine.

Procédé Coquerel. — Ce procédé consiste à ajouter aux matières de vidange du phosphate acide d'alumine, puis à les envoyer dans un monte-jus où le mélange est chauffé jusqu'à 60 ou 70°. Au moyen de la pression de vapeur d'une chaudière timbrée à 5 kilog., la matière traverse un filtre-presse, et on obtient des tourteaux plus ou moins secs, suivant l'état de la vidange. Lorsque celle-ci est chargée de corps étrangers, comme des chiffons, des papiers, de la paille, on obtient une bonne filtration et des gâteaux presque secs ; mais lorsqu'elle est boueuse, légère, la filtration marche mal et le produit est pâteux, liquide.

La quantité de phosphate acide d'alumine est variable suivant l'état de la vidange. Pour bien réussir, il faut neutraliser tout le carbonate d'ammoniaque, et même avoir des liquides un peu acides au papier de tournesol. On obtient 2,000 kilogrammes environ de produit humide à 30 ou 45 pour 100 d'eau par 24 heures de travail avec une grande presse Farinaux à 24 plateaux. Les liquides provenant de la filtration sont limpides et presque inodores, mais intraitables dans les appareils distillatoires, pour la fabrication du sulfate d'ammoniaque, sans l'addition d'une grande quantité de chaux pour neutraliser l'excès d'acide sulfurique qui a été ajouté. Ce procédé conviendrait principalement pour traiter des matières pâteuses de vidange avec perte des liquides. C'est un essai qu'on fait en ce moment, paraît-il, à Bondy, pour se débarrasser de tout le stock accumulé depuis longtemps dans les bassins, en même temps qu'on y traite par le même procédé le tout-venant amené journellement.

Les engrais secs titrent 2 1/2 pour 100 d'azote et 7 à 8 pour 100 d'acide phosphorique insoluble pour la plus grande partie. A Nantes, où ce procédé fonctionne depuis quelque temps, on emploie les proportions suivantes pour 4 mètres cubes de matières épaisses, pesant 7° Beaumé : acide sulfurique à 58°, 100 kilogrammes; phosphate d'alumine riche, 100 kilogrammes, produisant 600 kilos de tourteaux humides, pesant de 300 à 350 kilos à l'état sec.

Procédé Hennebute et de Vauréal. — Par ce procédé on veut traiter complètement les matières de vidange; il comprend deux opérations distinctes : 1° séparation des matières lourdes; 2° distillation des liquides pour produire du sulfate d'ammoniaque. Examinons d'abord la première, réservant la deuxième au chapitre traitant de la fabrication des sels ammoniacaux. — On traite d'abord le tout-venant par 2 à 3 mil-

lièmes de sulfate de zinc, ayant pour but de fixer en sulfate d'ammoniaque les sels volatils ; puis on ajoute 5 à 20 millièmes de chaux éteinte
ou mieux de sulfate d'alumine, qui forme un précipité gélatineux entraînant les matières solides en suspension. On laisse reposer le mélange
pendant quelques heures; par décantation on envoie la partie supérieure assez claire dans les appareils de distillation pour produire des
sels ammoniacaux ; la partie solide ou épaisse est passée au filtre-presse
Farinaux. Pour cette filtration on peut se servir avec avantage d'un
perfectionnement apporté à ces filtres-presses. Chaque plateau est sus-
pendu par deux galets roulants sur des glissières supérieures, de sorte
qu'avec une petite manivelle mobile un seul ouvrier peut opérer facilement le serrage et le desserrage de l'appareil au lieu de deux ouvriers
exigés par les anciennes presses, pour soulever et écarter les plateaux. Il y a donc ainsi une économie de temps et de main-d'œuvre.

On fait arriver la matière par une pompe aspirante et foulante dans
un monte-jus, et une pression de 5 atmosphères est ensuite donnée par
la même pompe à air qui agit sur la surface. Il est préférable d'opérer
ainsi la pression par l'air comprimé qui sèche les tourteaux, tandis que
la vapeur, en se condensant, en augmenterait plutôt l'humidité. Le
liquide sort parfaitement clair et inodore des filtres-presses et peut
servir à la fabrication du sulfate d'ammoniaque ; les tourteaux solides
renferment encore 50 pour 100 d'eau, mais peuvent être séchés facilement à l'air libre ou dans une étuve ; ils dosent, après séchage, 3 à
4 pour 100 d'azote.

Ce procédé nouveau est intéressant et a déjà été essayé dans plusieurs établissements. On monte en ce moment, à Villejuif, une usine
complète qui doit traiter les vidanges de Paris par ce procédé; on sera
donc bientôt fixé sur sa valeur industrielle.

Procédé Collet. — Des expériences, suivies récemment par les
ingénieurs de la Ville dans l'usine expérimentale de l'inventeur, à
Aubervilliers, donnent quelque intérêt d'actualité à ce procédé. On
traite à la fois 5 mètres cubes de tout-venant dans un bassin d'une
contenance double, par un réactif ayant l'aspect d'une poudre noire et
devant être probablement du sulfate de peroxyde de fer très acide,
à la dose de 275 à 280 kilogrammes. Il se produit un dégagement très
abondant de gaz, la masse double de volume, et la surface se recouvre
d'une mousse épaisse, flottante ou *chapeau*. On laisse reposer pendant

4 à 5 heures, on soutire un liquide plus ou moins clair, et le chapeau est envoyé par une pompe dans un grand cylindre fixe, en tôle, de $1^m,80$ de diamètre sur 10 mètres de long. On fait ainsi plusieurs opérations successives, et quand le cylindre est suffisamment rempli, on y ajoute 200 à 250 kilogrammes de phosphate et de sulfate de chaux. Dans l'axe du cylindre se meut un arbre garni de-palettes qui brassent constamment la masse pendant qu'un courant d'air chaud à 60 degrés, fourni par un calorifère, traverse l'appareil dans sa longueur. Il faut 7 à 8 heures pour obtenir la dessiccation à peu près complète de la matière donnant un engrais à 2 ou 2 1/2 pour 100 d'azote. Les eaux résiduaires, soutirées après la formation du chapeau, contiennent encore 4 pour 1000 d'azote ammoniacal fixe, c'est-à-dire presque autant que les eaux-vannes primitives, mais il n'y a plus que quelques traces d'azote organique et d'acide phosphorique, lesquels se retrouvent en totalité dans l'engrais. Le liquide, s'il est inodore, n'est pas clair et ne peut pas être envoyé directement dans les égouts ou dans les rivières ; il ne peut pas non plus être envoyé dans les colonnes distillatoires pour la fabrication des sels ammoniacaux, car il faudrait une trop grande quantité de chaux pour décomposer les sels ammoniacaux qui ont été rendus fixes par les réactifs. Ce procédé pourrait servir tout au plus pour la dessiccation des matières épaisses plutôt qu'au traitement complet des vidanges.Et on remarquera que pour obtenir cette dessiccation, dans les expériences qui ont été faites, on a ajouté près de 900 kilogrammes de réactif pulvérulent, à l'état sec, pour obtenir seulement 1,300 kilogrammes d'engrais desséché à 40 pour 100 d'humidité. En réalité on a donc produit la différence ou 400 kilogrammes d'engrais provenant de la vidange.

Nous donnons ci-après le résultat d'une analyse, faite par M. Durand-Claye, des différents produits obtenus par ce procédé.

Une deuxième analyse, faite en novembre 1880 par les soins de M. Durand-Claye, a donné les chiffres suivants correspondants au tableau :

Azote	5.50	3.70	4.40	23.70
Acide phosphorique	23.60	traces	3.60	63.80

DÉSIGNATION.	EAUX-VANNES.		EAU RÉSIDUAIRE décantée rejetée dans les égouts.		MOUSSES formant le chapeau sur le liquide.		ENGRAIS pris à la sortie du cylindre après dessiccation.	
Eau............	871.18		910.84		690.49		289.50	
Azote..........	5.18		3.79		8.07		17.00	
Autres produits....	76.04	978.37	69.82	984.25	207.23	905.79	322.70	629.80
Résidus insolubles, cendres......	1.34		0.74		43.34		101.43	
Chaux....	2.12		0.95		11.33		105.91	
Acide phosphorique......	2.64		0.09		4.10		63.69	
Produits non dosés......	15.53	21.63	13.97	15.75	35.42	94.21	99.17	370.20
		1000.00		1000.00		1000.00		1000.00

Four Czechowicz. — Pour ce système de traitement, on emploie un foyer à réverbère surmonté d'une voûte plein cintre, à grille mobile (voir fig. n°s 8 et 9). Pour prévenir une grande production de fumée, en arrière de l'autel est disposé un tuyau en terre réfractaire fermé par les deux bouts, s'alimentant d'air chaud dans le cendrier et le distribuant par de petites buses inclinées à l'extrémité du tuyau et en sens contraire de la flamme, de façon à avoir un mélange parfait. La chambre du fourneau est assez grande pour faciliter le développement de la flamme et obtenir une combustion complète. Une tubulure en fonte fixée au fourneau, pourvue d'un registre isolateur, met le fourneau en communication avec un cylindre horizontal en fonte, supporté par des galets et recevant autour de son axe un mouvement de rotation transmis du moteur par un engrenage placé sur la circonférence.

Ce cylindre constitue le tour rotatif dû à M. Czechowicz. Dans l'intérieur, et fixées sur les parois, se trouvent des lames en tôle légèrement cintrées de $0^m,15$ de hauteur pour soulever la matière et la rejeter. Une tubulure avec joint à frottement, semblable à celle d'arrivée, fait communiquer l'autre extrémité du cylindre avec un vase, dit de sûreté, placé à la suite, destiné à retenir les matières qui pourraient être entraînées. Les matières épaisses provenant, soit des bassins de décantation, soit d'une précipitation par un réactif quelconque, sont introduites dans ce cylindre par une ouverture placée près de la bouche d'entrée d'air chaud. Avec une vitesse de 3 à 4 tours par minute, la matière est entraînée dans la rotation par adhérence et frottement de la surface, elle est soulevée par les aubes qui la divisent, l'élèvent et la laissent tomber en pluie. Elle est donc tour à tour en contact avec la partie métallique du four, traversée par le courant d'air chaud provenant du foyer, et elle atteint rapidement 95 à 100 degrés. On alimente l'appareil par des chargements successifs qui substituent de nouvelles matières à l'eau enlevée, jusqu'à ce que la quantité ainsi progressivement introduite corresponde à un poids de 2,000 à 2,500 kilogrammes d'engrais sec, quantité qui peut être traitée en une opération, durant de 12 à 14 heures. Les expériences ont donné, paraît-il, jusqu'à 6 kilogrammes d'eau évaporée pour un kilogramme de charbon brûlé, correspondant ainsi au rendement des meilleures chaudières. Le déchargement s'opère par les mêmes tubulures, placées en dessous par la rotation, et des wagonnets enlèvent les engrais à l'état sec.

Les produits de la combustion, chargés de vapeurs et de gaz infects, gagnent une cheminée d'appel à la température ordinaire des foyers des générateurs. Cette disposition a été adoptée pour le four établi à Bondy depuis 1878 et qui traitait des matières épaisses provenant de l'évaporation dans le vide, par un appareil à triple effet, analogue à celui employé dans les sucreries pour la concentration des jus sucrés. L'inventeur a perfectionné son procédé et a fait suivre son four rotatif de plusieurs appareils destinés à absorber, à condenser les gaz et les vapeurs qui s'échappent. Ces dispositions nouvelles sont indiquées en coupe à la suite du four rotatif (fig. n° 8, pl. 15). D'abord, un condenseur rotatif, à jet continu d'eau froide, puis un condenseur épurateur rempli de coke et recevant un jet d'eau ou d'acide nitreux; enfin, un ventilateur aspirant les gaz et les refoulant dans une cheminée ou mieux sous un foyer spécial à coke. Cette amélioration permet d'absorber la vapeur d'eau, toujours mélangée d'essences infectes qui se condensent en même temps qu'elle dans ces condenseurs.

Ce traitement des vidanges pourrait donc donner un bon résultat, s'il était appliqué, et constituerait certainement un perfectionnement pour la dessiccation des matières ; mais il est à craindre qu'une grande partie de l'azote organique soit détruite par les températures trop élevées. — En traitant le tout-venant par la chaux et en précipitant les matières solides, on pourrait utiliser les liquides à la fabrication du sulfate d'ammoniaque.

Une installation complète, comprenant deux fours rotatifs, augmenterait encore le rendement, puisqu'il n'y aurait plus aucun arrêt, la chaleur du foyer passant à travers un four rotatif pendant le déchargement et le rechargement de l'autre.

Four Firman. — Dans ce four, proposé il y a quelques années, pour le desséchement des matières épaisses des vidanges, le four cylindrique est fixe et la masse est constamment agitée par des palettes fixées sur un arbre horizontal. Ce cylindre est entouré par une double enveloppe, dans laquelle circule un courant de vapeur pouvant porter les matières à 90 ou 100 degrés. L'arbre horizontal est creux et reçoit également un courant de vapeur qui vient concourir au chauffage.

Après quelques essais dans plusieurs usines, ce four a été presque abandonné pour les vidanges, et n'est plus guère employé que pour dessécher le sang provenant des abattoirs et diverses matières organiques propres à la fabrication des engrais.

Système Farquhar et Oldham. — MM. Farquhar et Oldham ont fait dernièrement, au dépotoir de la Villette, des essais de séparation avec un filtre spécial différant des filtres ordinaires par ce principe qu'une couche mince de dépôts est enlevée régulièrement et progressivement pendant la filtration, de façon à laisser toujours la matière filtrante dans un état convenable sans être encrassée (voir fig. n° 10). — Le tout-venant, additionné préalablement de 3 pour 100 de chaux, est envoyé dans l'appareil en traversant l'arbre creux AB et arrive dans la caisse en fonte T au-dessus de la matière filtrante. L'extrémité de l'arbre creux AB reçoit un disque S (fig. n° 10 *bis*, pl. 15), tournant avec l'arbre, muni d'un couteau F dans le sens d'un rayon et s'appliquant sur la partie supérieure de la matière filtrante. On comprend que si on imprime au disque un double mouvement de rotation et de descente lente, le dépôt formé à la partie supérieure sera enlevé à chaque révolution et rejeté avec la matière filtrante au-dessus du disque S. La partie supérieure du filtre étant constamment propre, on doit obtenir une filtration régulière. Quand l'opération est terminée, on relève vivement le disque, on enlève la masse des dépôts, mélangée à la matière filtrante, et on replace une nouvelle épaisseur dans le filtre. Après divers essais infructueux avec du charbon de bois, avec du mâchefer réduit en poudre, avec du sable, c'est la sciure de bois, préalablement mouillée, qui semble avoir donné des résultats satisfaisants.

Ce filtre nouveau, appliqué dans les sucreries de betteraves, a donné de bons résultats et plusieurs grands appareils de 2 mètres de diamètre sont en construction dans les ateliers de Fives-Lille pour faire des expériences suivies. Il est à souhaiter qu'on poursuive également des essais sur les vidanges avec ces filtres de grandes dimensions.

Appareil Piquemal. — L'originalité de cet appareil, assez volumineux et encombrant, consiste dans l'emploi simultané, de chaque côté d'un tissu filtrant, du vide et de la pression de l'air. Comme dans tous les autres procédés indistinctement, il faut d'abord traiter les matières provenant des fosses par un réactif quelconque : sulfate de fer, sulfate de zinc, chlorure de zinc, chlorure d'alumine, ayant pour but de précipiter les matières solides, de dénaturer, de coaguler les matières grasses et gommeuses, et de transformer les sels ammoniacaux volatils en sels fixes. On fait ensuite passer les matières précipitées entre deux surfaces cylindro-coniques garnies de tissus filtrants. La pression

d'une pompe à air agit sur la matière, la force à traverser les tissus
pendant qu'une pompe pneumatique fait le vide d'un autre côté. Il y a
ainsi une augmentation de force, mais aussi une complication de l'appareil; une pression plus énergique agissant d'un seul côté sur la matière produirait un effet identique, d'une manière plus simple. Les
expériences faites à Nanterre dans l'usine des Groues, appartenant à la
Compagnie d'Assainissement et de Fertilisation, n'ont pas donné
de bons résultats, et l'appareil a dû être enlevé pour être amélioré.

Beaucoup d'autres procédés plus ou moins ingénieux, un grand
nombre d'appareils ont été proposés depuis quelque temps pour le
traitement immédiat des vidanges, et nous n'avons pas la prétention
de les avoir tous examinés et étudiés dans ce travail. Nous avons voulu
seulement faire connaître les plus intéressants, et spécialement ceux
qui ont fait l'objet d'essais sérieux et suivis. On pardonnera donc facilement les oublis qui ont pu se produire.

FABRICATION DU SULFATE D'AMMONIAQUE.

C'est dans l'urine, dans les liquides des vidanges que se trouve la
plus grande partie des matières azotées, des sels ammoniacaux, provenant de la décomposition de l'urée. On y rencontre d'abord une grande
quantité de carbonate puis ensuite de sulfhydrate d'ammoniaque, tous
deux volatils à l'air libre ou sous l'action de la chaleur. Puis des sels
fixes, le sulfate, le chlorhydrate et le phosphate d'ammoniaque ne se
décomposant sous l'influence de la chaleur que par l'addition d'une
base : magnésie, potasse, soude ou chaux. C'est cette dernière qui est
employée le plus souvent à cause de son bon marché. Sous l'action de
la chaleur il se forme des sulfates, des chlorures ou des phosphates
de chaux et l'ammoniaque libre se dégage entraînant de la vapeur
d'eau. Enfin, il se rencontre encore des matières organiques azotées
en dissolution ou en suspension. Après des analyses faites sur de nombreux échantillons à la voirie de Bondy, M. Chevalet a donné la moyenne
suivante par litre de liquide tout-venant :

Ammoniaque dégagé par la chaleur . . . . $3^{gr},204$

Ammoniaque dégagé après addition de carbonate de magnésie $0^{gr},890$

$\overline{\qquad\qquad 4^{gr},094}$

Azote des matières organiques non précipitées par la chaux . $0^{gr},063$

Il résulte de ces chiffres qu'il est nécessaire d'employer la chaux dans les appareils distillatoires pour dégager complètement l'ammoniaque des eaux-vannes, puisque la chaleur seule ne peut dégager qu'environ les 3/4 de l'ammoniaque. — Sans addition de chaux on perd donc, on rejette à l'égout des eaux contenant encore 1/4 d'ammoniaque à l'état de sels solubles.

Appareils Figuera. — On a commencé, il y a longtemps, à fabriquer du sulfate d'ammoniaque à Bondy, avec les appareils Figuera, aujourd'hui abandonnés. Ils se composaient d'abord d'une grande chaudière horizontale recevant les eaux-vannes et chauffée à feu nu. La vapeur engendrée, mélangée de carbonate d'ammoniaque et d'un peu de sulfhydrate, venait barboter dans deux grands cylindres verticaux en tôle contenant également des eaux-vannes qui s'échauffaient et laissaient dégager à leur tour le carbonate d'ammoniaque entraîné par la vapeur d'eau. Celle-ci se condensait dans un serpentin en plomb situé à la suite des cylindres, et les gaz ammoniacaux amenés dans un bac d'acide sulfurique, formaient du sulfate d'ammoniaque cristallisé. Les eaux-vannes à traiter suivaient une marche méthodique inverse, se réchauffant d'abord autour des serpentins de plomb en les refroidissant, puis se rendant dans les cylindres en tôle et terminant enfin par la chaudière horizontale produisant la vapeur. Onze de ces appareils traitaient à Bondy 250 à 300 mètres cubes par jour et produisaient 2500 kilogrammes de sulfate d'ammoniaque.

Appareil Marguerite et Sourdeval. — On a appliqué, dans cet appareil la colonne distillatoire, employée pour la fabrication des alcools, à la distillation des eaux-vannes. Elle se compose de 23 plateaux en fonte de 1,30 de diamètre, les liquides pénétrant au quatorzième plateau à partir du bas, et descendant ensuite de plateau en plateau jusqu'au bas de la colonne, puis s'échappant par un siphon. — Le plateau le plus bas reçoit, par un tuyau, la vapeur d'un générateur qu'on règle à l'aide d'un robinet qui détermine l'ébullition dans toute la colonne et par suite le dégagement du carbonate d'ammoniaque. Ces vapeurs s'échappent par un gros tuyau, placé au sommet de la colonne, et se rendent dans un serpentin refroidi par les eaux-vannes à distiller qui arrivent en sens inverse, c'est-à-dire par la partie inférieure du bac contenant le serpentin. Par la condensation on obtient des eaux ammoniacales plus ou moins concentrées qu'on recueille dans un vase en plomb, refroidi dans un bac où passe un courant d'eau froide. Ces eaux formées en grande partie de carbonate d'ammoniaque, servent à la préparation soit de l'ammoniaque caustique, soit de chlorhydrate ou de sulfate d'ammoniaque. Elles marquent ordinairement 16° Baumé.

Les vapeurs ammoniacales ayant échappé à la condensation sont dirigées dans un bac fermé, en plomb, contenant de l'acide sulfurique à 53° Baumé et sont transformées en sulfate d'ammoniaque. On obtient ainsi des eaux-mères à 25° Baumé qu'on évapore au moyen de serpentins en plomb épais chauffés par la vapeur; le sulfate est recueilli à mesure qu'il cristallise, jeté sur des égouttoirs et porté sur des séchoirs ou plaques de fonte placées sur le parcours des carneaux des générateurs à la cheminée. Les gaz infects qui se dégagent avec l'acide carbonique, pendant cette saturation sont envoyés dans la cheminée d'appel de l'usine par un tuyau de plomb et vont incommoder le voisinage avec les vapeurs provenant des bacs à cristallisation. On pourrait bien les diriger sous les grilles des foyers des générateurs, mais l'acide carbonique, étant impropre à la combustion, gênerait beaucoup la marche des foyers. Il serait préférable d'absorber l'acide carbonique par de la chaux en poudre et de faire traverser les gaz infects restants à travers une épaisse couche de coke en combustion. — Au bout de sept ou huit jours de marche il s'est formé dans le bac entourant le serpentin et recevant les eaux-vannes fraîches, des dépôts abondants qu'on retire en ouvrant une valve située à la partie inférieure et qu'on reçoit dans de petits wagonnets disposés en dessous. Les eaux-vannes épuisées qui sortent bouillantes de la colonne se rendent dans des bassins recouverts de plaques de fonte, sur lesquelles on fait sécher les matières pâteuses, provenant des bassins des dépôts, pour en faire de la poudrette, comme cela a été déjà indiqué précédemment.

Un grand nombre de ces appareils fonctionnent à Paris dans les usines de la Compagnie Lesage, de la Compagnie l'Urbaine et dix colonnes ont été montées dernièrement à Nanterre, par la Compagnie Parisienne de Vidanges et Engrais. Chaque colonne, ainsi décrite, peut traiter 100 mètres cubes d'eaux-vannes par vingt-quatre heures, donnant de 9 à 10 kilogr. de sulfate par mètre cube, à 21 pour 100 d'azote et coûte environ 30 000 francs. Ces appareils produisent beaucoup, mais, n'employant pas de chaux, rejettent des eaux non épuisées contenant encore la valeur de 3 à 4 kilogrammes de sulfate d'ammoniaque par mètre cube et qu'on ne devrait pas tolérer dans les égouts ou dans les rivières. Ils sont donc défectueux sous ce rapport et, de plus, ils envoient dans l'atmosphère des vapeurs et des gaz infects provenant des différentes opérations.

Appareil Chevalet. — Dans ce système la colonne distillatoire est remplacée par cinq à six grandes cuves circulaires en tôle B et superposées ayant près de 3 mètres de diamètre et 75 centimètres de hauteur (voir fig. n° 11, pl. 16). Dans chacune de ces cuves des tuyaux verticaux barboteurs, en très grand nombre, amènent les vapeurs ammoniacales produites dans la cuve précédente ; puis des tuyaux de trop-plein maintiennent un niveau constant dans chaque cuve et produisent un écoulement continu des liquides de haut en bas. La dernière cuve inférieure, plus grande que les autres, reçoit 6 à 7 kilogrammes de chaux par mètre cube sous forme de lait de chaux et se trouve chauffée par la vapeur ammoniacale produite dans de grandes chaudières horizontales à feu nu, A^1, A^2, de 1 mètre de diamètre et 8 mètres de long. Ces chaudières sont alimentées par les eaux-vannes, alors mélangées de chaux, qui ont traversé les compartiments précédents. L'ébullition achève le dégagement de l'ammoniaque, déplacé par la chaux, et les vapeurs produites traversent ensuite toutes les autres cuves en les portant également à l'ébullition. Toutes les heures on évacue environ la moitié de chaque chaudière horizontale, par une vanne placée à l'extrémité des carneaux, et on remplace le liquide épuisé par une même quantité d'eau-vanne provenant du dernier compartiment à chaux. Les liquides descendent alors progressivement en s'épuisant davantage. L'ébullition de la colonne peut encore être produite par de la vapeur fournie directement par une chaudière ordinaire A comme cela est représenté en plan (fig. n° 12, pl. 16).

Les eaux résiduaires, contenant un excès de chaux, sont troubles et doivent séjourner quelque temps dans des bassins M traversés par des serpentins S, dans lesquels circulent en sens inverse des eaux-vannes à traiter. Il y a ainsi un échange de chaleur, comme dans tous les autres appareils, et les dépôts qui se forment donnent un engrais titrant 1 1/2 pour 100 d'azote et 5 pour 100 d'acide phosphorique, recherché pour certaines natures de terrains. On peut obtenir cet engrais en faisant sécher les dépôts sur des plaques de fonte au-dessus des carneaux J, ils ne donnent plus aucune odeur ; ou bien en les faisant traverser un filtre-presse Farinaux, la séparation se fait parfaitement et l'on obtient des tourteaux solides. Les eaux résiduaires, parfaitement inodores, retiennent seulement 3 à 5 dix-millièmes d'azote ammoniacal et peuvent être reçues dans les égouts ou dans les cours d'eaux, sans aucun inconvénient.

Les gaz ammoniacaux provenant de la distillation des cuves sont envoyés dans un bac à acide sulfurique F pour produire directement du sulfate d'ammoniaque ; ils viennent barboter dans le bac sous une cloche en plomb G qui empêche toute émanation à l'extérieur. Les gaz non condensés sont dirigés de cette cloche après avoir été refroidis sous le foyer des chaudières. — Les cristaux sont recueillis, égouttés, puis séchés et les eaux-mères à 29° Baumé, restant dans le bac, reçoivent une nouvelle addition d'acide sulfurique à 53° qui les ramène alors à 36° Baumé, puis on fait de nouveau barboter la vapeur ammoniacale et de nouveaux cristaux se déposent. — Il faut environ 110 à 112 kilo-grammes d'acide sulfurique à 53° Baumé pour produire 100 kilo-grammes de sulfate d'ammoniaque.

Ces appareils, relativement peu coûteux, soit 40 000 francs environ, peuvent traiter 80 à 90 mètres cubes d'eaux-vannes par vingt-quatre heures et ils réunissent toutes les conditions théoriques exigées pour l'épuisement complet de l'ammoniaque des vidanges. Ils sont installés dans plusieurs usines notamment à Paris, Lyon, Nice, Dijon, le Havre et Saint-Quentin.

Avec quelques simplifications cet appareil peut servir à la fabrication du sulfate d'ammoniaque par la distillation des eaux résiduaires de gaz.

L'inventeur a même appliqué son appareil non seulement au traite-ment des liquides, mais au tout-venant tel qu'il est amené des fosses (voir fig. n° 12). Dans ce cas on supprime les grandes chaudières horizontales et la vapeur est fournie aux cuves distillatoires par un générateur de vapeur ordinaire A. On peut ainsi traiter immédiatement les vidanges, supprimer les encombrants bassins de dépôt. Les eaux résiduaires, chargées de chaux, peuvent encore être filtrées dans un filtre-presse ordinaire et donner un engrais dosant 3 pour 100 d'azote et 5 pour 100 d'acide phosphorique.

Appareil Kuentz. — Le traitement complet proposé par M. Kuentz a pour but spécialement d'éviter toutes émanations au dehors. Il se compose de plusieurs appareils, savoir : d'un premier ensemble de deux colonnes distillatoires (voir fig. n° 13); une première O formée de 15 plateaux reçoit les eaux-vannes, préalablement réchauffées par les chaleurs perdues des eaux résiduaires épuisées et dégage les sels ammoniacaux volatils. Une deuxième colonne R de 8 plateaux, placée au-dessous de la première, reçoit les eaux-vannes de la première colonne, auxquelles on a ajouté de la chaux dans un récipient intermédiaire P, P″. L'ébullition est obtenue par la vapeur d'un générateur ordinaire et la chaux ajoutée décompose les sels fixes dans cette seconde colonne. Les gaz ammoniacaux, recueillis à la partie supérieure des colonnes, traversent un condenseur qui les débarrasse de la vapeur d'eau et se rendent ensuite dans une troisième colonne (voir fig. n° 14, pl. 16) destinée à condenser les vapeurs, et à former des eaux ammoniacales concentrées.

Cet appareil de condensation se compose d'un réservoir B dans lequel on entretient un courant d'eau froide et contenant une colonne de condensation c traversée par les vapeurs provenant des colonnes distillatoires décrites précédemment. Les eaux provenant de la condensation sont recueillies dans un réservoir inférieur E plongé lui-même dans un bassin D à courant continu d'eau froide. Les gaz nauséabonds et infects qui ont échappé à la condensation, sont dirigés vers des épurateurs dont nous allons parler plus loin.

L'inventeur se propose d'empêcher le dégagement de l'acide carbonique en le retenant par double décomposition; car il prétend que c'est l'acide carbonique qui sert de véhicule à toutes les vapeurs putrides et les entraîne au loin pour les laisser retomber ensuite à la surface du sol. Pour obtenir du sulfate d'ammoniaque, par exemple, il commence par traiter du phosphate de chaux par de l'acide sulfurique étendu, déplaçant tout l'acide phosphorique :

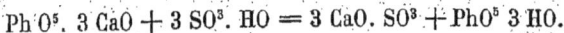

$$Ph\,O^5.\ 3\ CaO + 3\ SO^3.\ HO = 3\ CaO.\ SO^3 + PhO^5\ 3\ HO.$$

On ajoute ensuite à l'acide phosphorique obtenu des eaux ammoniacales concentrées et on obtient du phosphate d'ammoniaque qu'on évapore. Puis on traite le sulfate de chaux, précipité par le phosphate, également par les eaux ammoniacales concentrées qui contiennent surtout du carbonate d'ammoniaque et l'on obtient du sulfate d'ammoniaque et du carbonate de chaux :

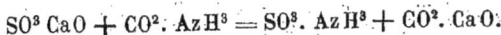

$$SO^3\ CaO + CO^2.\ AzH^3 = SO^3.\ AzH^3 + CO^2.\ CaO.$$

Une simple filtration sépare le carbonate de chaux et en évaporant le liquide filtré on obtient le sulfate d'ammoniaque cristallisé.

Pour obtenir du chlorhydrate d'ammoniaque on ferait des opérations analogues en traitant du phosphate de chaux par de l'acide chlorhydrique, puis le mélange par la solution de carbonate d'ammoniaque. Il se forme du phosphate bibasique de chaux, dont la valeur est triple du phosphate primitivement employé, et du carbonate de chaux qu'on sépare par filtration. La dissolution de chlorhydrate d'ammoniaque est ensuite évaporée pour donner des cristaux.

Ces décompositions peuvent s'opérer en vase clos dans un bac à neutralisation et à évaporation dont le couvercle mobile plonge dans une rigole pleine d'eau, formant joint hydraulique.

A la suite se trouve un épurateur destiné à recevoir les gaz qui n'ont pas été absorbés par l'acide. C'est un récipient à différents compartiments contenant de la chaux éteinte mélangée avec un corps poreux, tel que de la sciure de bois ou de la cendre, et retenant de l'acide carbonique. Les gaz arrivent à la partie inférieure de ce récipient et traversent une dissolution de sulfate de fer qui absorbe l'hydrogène sulfuré. Le couvercle de cet appareil peut être fermé, comme le précédent, par un joint hydraulique.

Enfin, les gaz infects débarrassés de l'acide carbonique et de l'hydrogène sulfuré se rendent dessous la grille d'un foyer à coke spécial, à fort tirage, où ils peuvent être décomposés à haute température ou tout au moins débarrassés de tous germes nuisibles. Le chargement de ce foyer peut se faire par la partie supérieure, comme pour les gazogènes, afin que le combustible soit toujours en parfaite ignition au moment de l'arrivée des gaz.

Des colonnes de ce système fonctionnent à Toulouse et à Clermont-Ferrand. Mais les opérations et les nouvelles dispositions, proposées par l'inventeur et qui viennent d'être indiquées, ne sont pas encore appliquées. Elles doivent compliquer beaucoup la fabrication des sels ammoniacaux, et il n'est pas encore prouvé pratiquement qu'on en obtienne des rendements et des résultats meilleurs. On n'envoie pas d'acide carbonique dans l'atmosphère. Mais est-il certain que ce soit la vraie cause du transport des essences nauséabondes, et ne serait-ce pas plutôt la vapeur d'eau provenant de l'évaporation des solutions concentrées? L'on sait que c'est un des inconvénients des appareils

Appareil Lair. — On trouvera la description complète et les des-
sins de cet appareil à la fin du II° volume de la *Chimie industrielle* de
Payen, 6° édition revue par M. Camille Vincent. Nous en donnerons seulement ici quelques indications sommaires en constatant que la théorie
y est pleinement appliquée pour le traitement des eaux-vannes. — On
se sert d'une colonne distillatoire en fonte composée de 25 plateaux de
0,90 de diamètre. Les eaux-vannes fraîches sont préalablement
réchauffées à 75 ou 80 degrés dans deux cylindres en fonte garnis de
tubes verticaux, et dans lesquels les eaux épuisées bouillantes suivent
un chemin inverse de celles qui arrivent. Un échange de chaleur se
produit et les eaux résiduaires sont évacuées presque froides. Les eaux-
vannes arrivent, ainsi chauffées, à la partie supérieure de la colonne;
un lait de chaux, dosé d'avance, et envoyé continuellement par une
pompe, vient se mélanger vers le quinzième plateau. Les débits des
pompes, élevant les eaux-vannes et le lait de chaux, sont calculés de façon
à envoyer par vingt-quatre heures, sans arrêt, 35 mètres cubes d'eaux-
vannes et environ 7 pour 100 de chaux, pris à l'état sec. Les eaux-
vannes épuisées arrivent au bas de la colonne troubles et chargées de
chaux. On les envoie alors dans deux cylindres, appelés *débourbeurs*,
où la chaux se dépose entraînant les matières en suspension. Les boues,
provenant de ces débourbeurs peuvent être passées au filtre-presse et
donner un engrais titrant près de 1 pour 100 d'azote.

Avec cet appareil on épuise presque complètement les eaux-vannes,
et les eaux résiduaires, parfaitement claires, refroidies, ne contenant
que des traces d'azote et incapables de se putréfier, peuvent être reje-
tées impunément dans les cours d'eau ou dans les égouts. Mais la
colonne distillatoire demande à être souvent nettoyée, la chaux engor-
geant assez vite les plateaux. — Quatre appareils de ce genre fonctionnent
en ce moment à Bondy; d'autres sont installés à Créteil et à Saint-Denis
et peuvent traiter 35 à 40 mètres cubes de liquide par vingt-quatre
heures. Voici le rendement exact d'une de ces colonnes, près de Paris
et basé sur une marche régulière.

Les dépenses pour 100 kilogrammes de sulfate d'ammoniaque
sont :

2 mètres cubes eau-vanne, à 1 fr.	Fr.	8 »
110 kilog. acide sulfurique à 53°, à 8 fr.	»	8 80
56 kilog. chaux grasse, à 4 fr.	»	2 25
210 kilog. charbon, à 25 c.	»	5 25
loyer, amortissement, etc.	»	3 50
Main-d'œuvre	»	6 »
Redevance de brevet, commission	»	2 20
	Fr. 35 »

Le sulfate d'ammoniaque vaut, suivant les cours, de 46 à 50 francs les 100 kilogrammes.

L'installation complète d'une colonne de ce système, avec chaudière, machine à vapeur et accessoires, coûte environ 32,000 francs.

Appareil Hennebute et de Vauréal. — Nous avons vu précédemment que, par ce procédé, le tout-venant était d'abord traité par un réactif, puis passé au filtre-presse. Le liquide clair obtenu par cette filtration, ajouté au liquide provenant de la décantation, est envoyé dans une chaudière distillatoire rectangulaire en tôle (voir fig. 15, pl. 16). Elle présente trois compartiments surélevés les uns par rapport aux autres A, A', A'' ; une cloison montant jusqu'à 10 centimètres du fond supérieur empêche les eaux de chaque compartiment de se déverser dans le compartiment inférieur, tandis qu'une autre cloison SS', munie d'un éperon, et descendant jusqu'à 10 centimètres du fond inférieur, a pour but, tout à la fois, d'assurer le barbotage des vapeurs et de maintenir le liquide dans un état constant d'agitation.

Des robinets en fonte a, a' assurent le mouvement des liquides d'un compartiment dans l'autre. Au-dessus de la chaudière distillatoire est placée une caisse rectangulaire B, jouant le rôle de réfrigérant et portant un large tube ovale C servant de condensateur, lequel est mis en communication avec la chaudière par un tuyau L. Ce condensateur est muni d'un tuyau de dégagement H ayant à sa base un clapet de retenue h. Le réchauffage méthodique des liquides à distiller est obtenu au moyen d'une caisse plate à cloisons (voir fig. 16), dans laquelle sont immergées des bouillottes plates en tôle mince, communiquant entre elles par des tronçons de tubes. Les eaux épuisées se décantent d'abord par le repos dans un débourbeur D, puis parcourent successivement chaque case de la caisse, tandis que les

eaux froides traversent les bouillottes en sens inverse et se sont
environ à 80 degrés. Elles remontent par différence de niveau jusque
dans un réservoir E servant de mesureur, et de là dans le premier
compartiment supérieur A de la chaudière, où elles sont maintenues
jusqu'à la température de 90 degrés, indiquée par un thermomètre
plongeant dans un tube de métal mince. C'est dans ce compartiment
qu'est évaporée la plus grande partie de carbonate d'ammoniaque
volatil, la vapeur d'eau provenant des compartiments suivants devant
s'y condenser en partie. Les vapeurs ammoniacales traversent ensuite
le condensateur C, diminuent de volume par suite de la condensation
et produisent un vide relatif dans l'appareil, permettant l'ébullition à
90 degrés dans le premier compartiment de la chaudière distillatoire.
Les liquides sont ensuite amenés par un tuyau, a muni d'un robinet,
dans le second compartiment A′, où la température atteint 100 degrés;
puis dans le troisième compartiment A″, où l'on ajoute un lait de chaux
pour décomposer les sels ammoniacaux fixes. Un râcloir à lame M,
avec presse-étoupe, permet de nettoyer ce compartiment sans arrêter
le travail.

Au-dessus du dernier compartiment existent deux petites caisses
d'eaux concentrées G et F. Dans l'une s'emmagasinent les vapeurs con-
densées entraînées pendant la distillation, tandis que le gaz ammoniac
se rend, par un tube de dégagement I dans le bac à acide. Ces eaux
ammoniacales concentrées passent dans la seconde caisse, dont le fond
est formé par la paroi du compartiment de la chaudière. Sous l'influence
de la température élevée de ce compartiment, les eaux concentrées
abandonnent l'ammoniaque qui se rend encore dans le bac à acide; les
eaux concentrées épuisées sont ramenées par un tube de dégagement g
dans le compartiment intermédiaire de la chaudière A′. Les eaux résiduaires bouillantes s'écoulent du dernier compartiment de la chaudière
dans un débourbeur D, où elles se dépouillent de la chaux en excès, puis
de là se rendent dans les cloisons du réchauffeur, dont il a été parlé plus
haut, où elles abandonnent progressivement leur calorique au profit
des eaux-vannes fraîches.

Des appareils de ce genre fonctionnent, paraît-il, à Bayonne et à
Douai, et l'on en installe en ce moment dans une usine près de Paris.
Par l'addition du réactif primitif, contenant des sels métalliques, on
doit fixer une grande partie de l'ammoniaque, et il est douteux qu'on
puisse dégager tout l'azote ammoniacal avec la faible proportion de

chaux indiquée. C'est cependant un procédé intéressant à suivre dans son installation complète, quoique un peu compliquée.

Conclusions. — En résumé, l'évacuation complète des vidanges par les égouts est un système qui devra toujours être préféré en principe au point de vue de l'hygiène publique. Mais à la condition expresse d'avoir un réseau d'égouts, étudié spécialement en vue de ce service, comme dans les villes qui ont été citées : Londres, Bruxelles, Berlin, c'est-à-dire des égouts fermés, à fortes pentes, sans aucun contact avec l'atmosphère.

Quand on sera conduit à admettre des fosses fixes, étanches, les municipalités devront imposer la vidange de jour par procédé atmosphérique, sans aucune locomobile, le vide étant fait préalablement à l'usine. Et à cette occasion on pourrait étudier un projet spécial de canalisation souterraine pouvant entraîner les vidanges hors des villes par aspiration.

Pour le traitement des vidanges aux dépotoirs, on devra exiger des entrepreneurs des bassins voûtés ou recouverts d'un plancher en fer avec hourdis en briques, en communication avec un foyer spécial et une cheminée d'appel, la dessiccation immédiate des matières épaisses en vase clos, avec addition de réactifs désinfectants, tels que chaux, sulfate d'alumine, sulfate ou chlorure de zinc. — Employer des appareils de distillation exigeant une addition de chaux et produire du sel directement dans les bacs à acide, sans évaporation. — Brûler les vapeurs non condensables en leur faisant traverser une épaisseur suffisante de coke en ignition, un gazogène ou un four Siemens.

Dans ces conditions, la fabrication du sulfate d'ammoniaque et des engrais, sans être *absolument* inodore, sera beaucoup moins dangereuse pour la santé publique qu'une foule d'établissements insalubres, traitant des matières organiques en décomposition, situés dans Paris ou près des fortifications, dont les voisins souffrent beaucoup, mais qui n'ont pas eu la mauvaise chance d'impressionner et d'émouvoir l'opinion.

PARIS. — IMP. E. CAPIOMONT ET V. RENAULT, 6, RUE DES POITEVINS.

TRAITEMENT DES VIDANGES.

Fig 1. Appareil diviseur système Lucas
adopté par la Cᵐⁱᵉ hygiénique de vidanges et engrais

Fig 2
Appareil diviseur de la Compagnie
Departⁿˡᵉ de vidanges et engrais

Fig 10

Fig 10ᵇⁱˢ
Filtre Farquhar et Gillain.

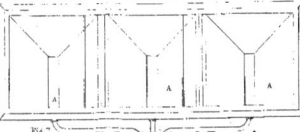

Fig 7.
Vue de l'ensemble de traitement du sewage.

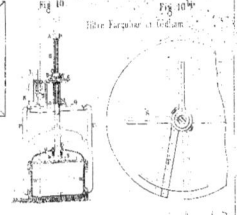

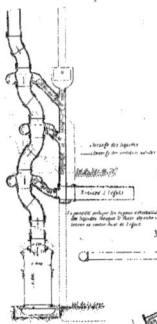

Soupape des liquides
Soupape des matières solides

Boisseau à clapet

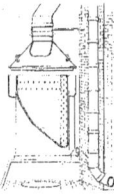

Fig 4

Fig 3 Pompe Keiser

Fig 5

Fig 6

Coupe suivant CD.

Fig 9

Four rotatif Czechowiez
Fig 8.
Pompe longitudinale

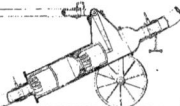

Société des Ingénieurs Paris.

Fig. 15. Appareil distillatoire
Système Parmentier & de Vaucresl

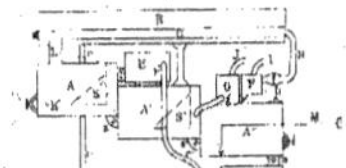

Fig. 16

Appareil Krocts
pour le traitement des eaux vannes

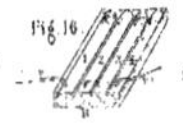

Fig. 11. Disposition d'un appareil Coraliet pour le
traitement des eaux vannes de vidanges

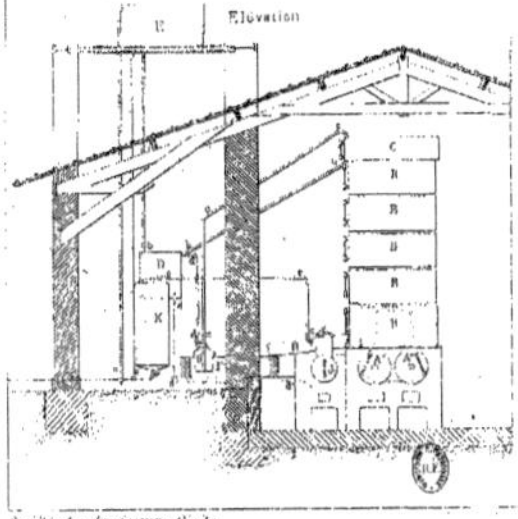

Fig. 12. Disposition d'un appareil Coraliet pour le traitement
du tout venant des vidanges

Plan

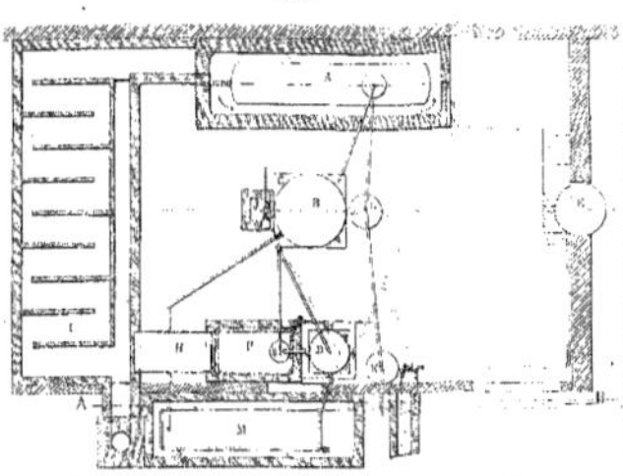

Fig. 13.
Cornilte distillatoire

Fig 14. Cuisine et condensation
des eaux ammoniacales

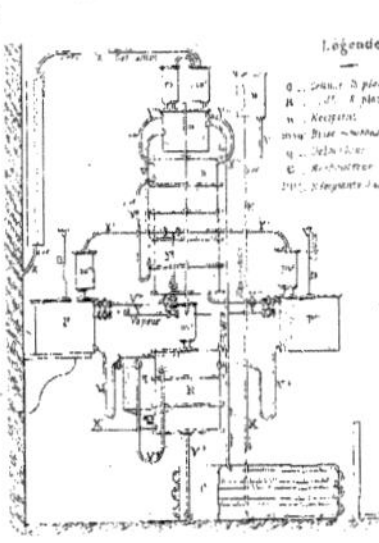

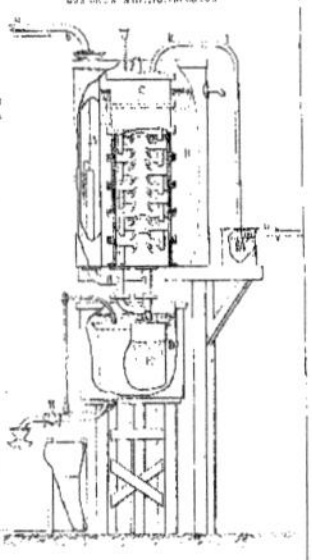

Elevation

Légende

Légende de la fig. 11.

84

www.ingramcontent.com/pod-product-compliance
Lightning Source LLC
Chambersburg PA
CBHW070917210326
41521CB00010B/2225